女装结构设计的创新研究

胡　兰◎著

文化发展出版社
Cultural Development Press
· 北京 ·

图书在版编目（CIP）数据

女装结构设计的创新研究 / 胡兰著 . — 北京 ：文化发展出版社，2024.3
ISBN 978-7-5142-4304-8

Ⅰ . ①女… Ⅱ . ①胡… Ⅲ . ①女服－结构设计－研究
Ⅳ . ① TS941.717

中国国家版本馆 CIP 数据核字 (2024) 第 028126 号

女装结构设计的创新研究

胡 兰 著

出 版 人：宋 娜
责任编辑：袁兆英　　责任校对：岳智勇
责任印制：邓辉明　　封面设计：守正文化
出版发行：文化发展出版社（北京市翠微路 2 号 邮编：100036）
网　　址：www.wenhuafazhan.com
经　　销：全国新华书店
印　　刷：天津和萱印刷有限公司

开　　本：710mm × 1000mm　1/16
字　　数：217 千字
印　　张：12.25
版　　次：2025 年 1 月第 1 版
印　　次：2025 年 1 月第 1 次印刷

定　　价：72.00 元
I S B N：978-7-5142-4304-8

前 言

服装结构设计以体现人体自然形态与运动机能为目的，是对人体特征的概括与归纳。服装结构设计是一门艺术和科技相互融合、理论和实践紧密结合的学科，涉及了人体科学、材料学、美学、造型艺术、数学与计算机技术等各种知识，具有综合性。本书选取女装结构设计的角度，对服装结构设计的构成原理、构成细节解析、款式变化等进行了系统而较全面的介绍和分析。

近年来，服装结构设计不断发展，服装结构理论正在逐步完善，向着科学化、系统化的方向迈进。服装结构设计作为服装设计的重要组成部分和中心环节，既是款式造型设计的延伸和发展，又是工艺设计的基础，在服装设计过程中起着承上启下的作用，是实现设计思想的根本，是服装设计人员必备的业务素质之一。

随着我国服装产业的发展和服装加工技术的日新月异，现代服装的造型千变万化、层出不穷，而优美的服装造型、赏心悦目的时装源自精确的板型，所以服装制板技术是服装造型的关键。随着科学技术的飞速发展，在我国出现了多种服装结构设计的方法，包括传统的比例法、原型法、立体裁剪法、数字法等。服装结构设计的发展主要体现在以下几点：① 对人体尺寸的测量和计算、统计和分析，将结构设计提升到理论的高度，注重服装穿着后的舒适性。服装结构设计的依据不是具体款式的数据和公式，而是具有普遍代表性的标准人体。在服装产品设计中不能忽视人的因素，要把人和服装视为不可分割的统一体，这样才能使服装发挥最佳实用功能，带来更大的经济效益。② 服装结构设计要依据人体运动的科学性，研究人们在不同场合下的活动特点和心理特点，通过试验将更合理的结构运用到服装中，使服装更加舒适、美观。③ 服装结构设计要将理论和实践相结合，综合比较比例法、原型法和立体裁剪法三种制图方法，灵活运用，扬长避短。④ 在进行服装结构设计时，设计师要考虑款式设计和工艺设计两个层面的要求，设计出的成品要在结构上合理可行，在制作工艺上操作简便。

本书共六章，介绍了女装结构设计创新研究。第一章从人体体型与服装结构、服装结构设计基本原理、服装结构设计符号和代号、女装规格及参考尺寸四个方面介绍了人体形态与服装结构；第二章从女装衣身原型，省道转移原理与方法，褶、裥结构设计，分割线结构设计，衣袋部件结构设计，立体裁剪在女上装结构设计中的创新六个方面详细论述了女上装结构设计；第三章裙装分类与基本结构、裙装结构设计原理、纸样设计在裙装结构设计中的创新应用、裤装分类与基本结构、裤装结构设计原理、纸样设计在裤装结构设计中的创新应用六个方面介绍了女下装结构设计；第四章从衣领分类及构成要素、无领结构设计、立领结构设计、翻折领结构设计、驳折领结构设计、立体裁剪在衣领结构设计中的创新应用六个方面详细介绍了衣领结构设计；第五章从衣袖结构分类、衣袖结构设计要素、袖山结构设计、袖身结构设计、圆装袖结构设计、立体裁剪在衣袖结构设计中的创新应用六个角度具体论述了衣袖结构设计；第六章为女装整体结构设计的创新，本部分从折纸艺术在女装结构设计中的创新应用、平面结构在女装结构设计中的创新应用、立体裁剪在女装结构设计中的创新应用、智能制板在女装系列化结构设计中的创新研究四个方面展开论述。

在撰写本书的过程中，作者参考了大量的学术文献，得到了许多专家学者的帮助，在此表示真诚的感谢。本书内容系统全面，论述条理清晰、深入浅出，但由于作者水平有限，书中难免有疏漏之处，希望广大同行及时指正。

胡　兰

2023 年 8 月

目 录

第一章　人体形态与服装结构

人们穿着服装的主要目的是希望在衣着合体的基础上，通过服装来提升个人形象，彰显个性。而与绘画、摄影、雕塑等其他艺术门类相比，服装的艺术性与实用性结合得最为紧密。服装的美，是通过款式美、色彩美、面料美、工艺美等共同塑造而成的、服装美与人体美的和谐统一。服装与人体的关系密切，主要表现在服装与人体表面形态、服装与人体活动的规律、服装与人体比例及体形差异等方面，即人体的外在特征、骨骼构造、肌肉状态、皮肤伸展、皮下脂肪的薄厚等都会对服装结构和服装造型产生影响。因此，要想学好服装结构设计，就需要掌握服装结构变化的一般规律，以设计出千变万化的服装款式，必须对人体体型、骨骼、肌肉等部位的运动变化有深刻的了解。本章主要从人体体型与服装结构、服装结构设计基本原理、服装结构设计符号和代号、女装规格及参考尺寸四个方面介绍人体形态与服装结构。

第一节　人体体型与服装结构

一、人体的基本构造

人体的结构大致分为头部、躯干、上肢、下肢四大部分。其中，头部包括眼耳口鼻等感觉器官及大脑、小脑等；躯干自上而下包括了颈部、肩部、胸部、背部、腰部、腹部和臀部；上肢包括上臂、肘部、前臂、腕部和手；下肢则包括了胯部、大腿、膝部、小腿、踝部和脚。与服装密切相关的主要是人体的外部形态，而人体的外部形态是由骨骼、关节、肌肉、脂肪和皮肤等基本要素共同决定的。

（一）骨骼

骨骼是人体的支架，决定着人体的基本形态，也决定着人体各部位的体积和比例关系。人体总共有 200 多块骨骼，各骨骼形态各异，构成复杂，在此主要介绍与服装结构设计关系密切一些的骨骼。

1. 头部骨骼

头部骨骼主要是颅骨，呈椭球形，其最高点即头顶点，是测量身高的基准点。在带帽类的服装中，头部骨骼是确定帽子尺寸大小的依据。

2. 躯干骨骼

（1）脊柱

从侧面观察，脊柱呈背部凸起腰部凹进的“S”形，自上而下由颈椎、胸椎、腰椎三部分组成，是人体最重要的支架。颈椎不仅是头部与躯干的连接部位，在服装结构设计中也居于举足轻重的位置。由上往下数的第七颈椎点是测量服装背长的基准点。腰椎共有五块，其中第三块腰椎是腰部和臀部的交界，常作为腰围线的基准位置。

（2）胸骨

在女性骨骼结构中，胸骨位于胸部中间的狭长部位，也是肋骨前段的汇集处，人体中心线从此经过。

（3）肋骨

肋骨在人体中是以成对形式出现的，其前端与胸骨相连，后端全部与胸椎连接，共同构成胸廓形状。胸廓形状似蛋形，成年女性的胸廓前上部明显隆起，后部弧度较小，此形状直接影响服装的结构。

（4）肩胛骨

肩胛骨也是成对的，它位于人体背部上缘，呈倒三角形，其上部凸起，活动量较大，为了适应人体的这一特征，通常可在上装后片设置肩省、育克、过肩、褶裥等。

（5）骨盆

骨盆是由两侧髋骨、耻骨、骶骨和坐骨共同构成的，是最能体现男女性别差异的部位。骨盆介于躯干与下肢之间，该部位活动范围较大，故不论是设计上装还是下装均要考虑该部位的穿用功能性和舒适性。

（6）髋骨

髋骨与下肢的股骨相连的部位是测定臀围线的基准，且由于此部位活动范围很大，设计下装时需充分考虑此部位的构造和运动。

3. 上肢骨骼

（1）肱骨

肱骨是上臂骨骼，上端与锁骨、肩胛骨连接，形成肩凸，是服装肩部造型的依据。

（2）尺骨和桡骨

尺骨和桡骨是构成前臂的骨骼，前臂内侧为尺骨，外侧为桡骨。尺骨上端外侧的突起点俗称“肘点”，是测量上臂长、全臂长的基准点，也是可以被用于确定服装袖长的关键部位。

（3）掌骨

掌骨由 20 多块骨骼构成，骨骼间又由关节相连，以便人体进行复杂运动。

（4）锁骨

锁骨位于胸部上方，左右对称，呈横向相对，其内侧与胸骨相连，外侧连于肩峰，锁骨与胸骨的连接状态决定了人体形态是端肩体还是溜肩体。

4. 下肢骨骼

（1）股骨

股骨就是大腿骨骼，上端连于髋骨，构成大转子；下端与髀骨、胫骨、腓骨相连，构成膝关节。

（2）髌骨

髌骨即膝盖，位于股骨、胫骨和腓骨的三骨汇合处，它是裙装、裤装等下装结构设计的重要参考依据。

（3）胫骨和腓骨

胫骨和腓骨是小腿骨骼，胫骨位于小腿内侧，腓骨位于小腿外侧，其下端与踝骨相连，它是测量裤长时要参考的基点。

（4）足骨

足骨由 20 多块骨头构成，踝骨是测量长裤裤长时要参考的重要基准点。

（二）关节

关节是骨骼之间相互连接的结构，是人体运动的枢纽。关节的静、动态形状和尺寸，决定了人体相关部位的运动特点和运动范围。了解关节的基本构造和运动规律，是确定服装外造型和松量的依据。

1. 肩关节

肩关节是上肢与肩部相连的部位，活动范围非常大，其形状决定了人体上肢以向前、向上运动为主。这就要求在分配胸围松量时，应该让后腋部的松量大干前腋部的松量，且背宽应大于胸宽。

2. 肘关节

肘关节是连接上臂的肱骨和前臂尺骨、桡骨的转折部位。由于肘关节的形状，当人体手臂自然下垂时，前臂会呈向前微屈的状态，前臂活动时也会以前屈形态为主。由肘关节决定的上肢的这一特征，是设计衣袖袖型及弯曲度的重要依据。

3. 腕关节

腕关节是前臂和手部的连接点，是测量全臂长时需要考虑的重要基准点。

4. 大转子

大转子是臀部与下肢相连的关键部位，也是人体运动范围较大的部位之一，通常可前屈120°，后伸10°。由于左右大转子运动方向是相反的，人体正常行走时，步幅为60cm左右，左右膝围约为90cm；人体大步行走时，步幅约为70cm，左右膝围在100cm左右。这都是确定裙装下摆围、裤装横裆等部位尺寸的重要依据。

5. 膝关节

膝关节是大腿与小腿的连接点，活动以后屈为主，人体一般后屈可达135°，左右旋转范围约45°，是裤装中档以及裙长尺寸的依据。

6. 踝关节

踝关节是小腿和足部的连接点，是测量裤长、合体裤口围时参考的基准点。

（三）肌肉

肌肉附着于骨骼与关节之上，它决定了人体的表面形态。肌肉的收缩与拉伸引起人体的各种动作，同时，肌肉的发育状况也是人体产生体型差异的重要原因，人体肌肉的构造形态和发达程度对服装造型和尺寸影响极大。

1. 颈部肌肉

颈部肌肉群主要由胸锁乳突肌、斜方肌、头夹肌、举肩胛肌、椎外侧肌等组成。胸锁乳突肌上至耳根后部，下至锁骨内端形成颈窝，是测量颈围及设计领窝松量的重要参考。同时，胸锁乳突肌还与锁骨形成前颈肩部内凹的形态，这就要求在进行服装结构设计和服装工艺设计时要针对这种形态进行相应的处理。

2. 躯干肌肉

躯干肌肉群主要由胸大肌、腹直肌、腹外斜肌、斜方肌、背阔肌和臀大肌等组成，它们共同构成了人体躯干的外部形态。

（1）胸大肌

胸大肌起于胸骨和锁骨的内侧，呈三角形，外侧与三角肌肉汇合，形成腋窝。成年女性体中，胸大肌位于胸廓最丰满处，被乳房覆盖，它不仅是测量胸围线的依据，同时也决定了服装撇胸量的大小。

（2）腹直肌

腹直肌位于躯干正面，在胸大肌和骨盆上边缘之间。该部位的肌肉呈直条状并被纵分为两部分，中间有浅槽，形成了腰凹、腹凸和腹股沟壑状的外形，它对裙装、裤装等下装结构设计起着至关重要的作用。

（3）腹外斜肌和前锯肌

腹外斜肌和前锯肌位于腹直肌的两侧和肋骨的外侧。腹外斜肌上与腹直肌相连处有条明显的凹槽，成为躯干最细的部位，是测量腰围的基准。

（4）斜方肌

斜方肌自头骨起，止于胸廓下部，覆盖于背部上方、颈部和肩部，具有调节上肢运动的功能。斜方肌的外缘即肩斜线，斜方肌越发达，肩斜度就越大，肩背部隆起越明显，这直接影响了服装肩、背部造型。此外，斜方肌与胸锁乳突肌的交叉结构又形成了侧颈点的标志，进而影响领口的造型。

（5）背阔肌

背阔肌位于斜方肌两侧，是后背较发达的肌肉，男性背阔肌要比女性背阔肌发达。背阔肌与腰部的形态塑造了人体上凸后凹的造型，该部位直接关系到服装结构设计中背中曲线的曲度。

（6）臀大肌

臀大肌构成了臀部最丰满处，其丰满程度与上装下摆围、臀部造型关系十分密切。

3．上肢肌群

上肢肌群主要包括三角肌、肱二头肌和前臂肌群等，其外部形态是衣袖结构设计的重要参考依据。

（1）三角肌

三角肌覆盖在肩峰与锁骨外端汇合成肩头，上与胸大肌相连成腋窝，下与肱二头肌、肱三头肌相连。人体手臂的运动会使三角肌产生很大变化，进而直接影响衣袖袖山结构的造型。

（2）肱二头肌和肱三头肌

肱二头肌位于上臂前侧，上端起于肩背部，且与三角肌汇合；下端止于肘下桡骨，可使肘部弯曲及前臂后旋。肱三头肌位于上臂后侧，上部也与三角肌汇合，下部止于尺骨鹰嘴。

（3）前臂肌群

前臂肌群主要由伸肌群和屈肌群组成，屈肌群会直接影响手臂弯曲后的围度，设计紧身袖袖肥需参考该部位的尺寸。

4. 下肢肌群

(1) 大腿肌群

大腿肌群主要包括大腿外侧的股外肌、中部的股直肌、内侧的缝匠肌和股内肌等。这些都是形成大腿前部隆起的关键肌肉，对于大腿肌群发达的体型，在进行服装结构设计时需考虑大腿前部突起的程度，适当增加臀围尺寸。由于臀大肌的存在，大腿后部肌肉对下装结构影响不显著。

(2) 小腿肌群

与大腿肌群相反，影响服装结构的小腿肌群主要集中在小腿后部，即“小腿肚”，小腿肌群的后凸和大腿肌群的前凸共同形成了下肢的“S”形。

(四) 脂肪和皮肤

除了骨骼、关节和肌肉，脂肪层的厚薄、脂肪的分布位置对人体的外形也有一定的影响。皮下脂肪在人体各部位的分布因人们的生活习惯、地域、性别和年龄的差异而有所不同，从而形成肥胖体、瘦型体等不同的体型。对于女性体而言，脂肪容易堆积的部位有臀部、腹部、大腿部、乳房、背部和上臂等处。

皮肤位于人体最外层，具有一定的伸缩性及滑移性，对其内部的肌肉、骨骼等起保护作用，对人体外形影响不大。

二、人体运动及结构变化

在了解人体基本构造的基础上，掌握人体静态和动态下各部位的尺寸及比例关系，是进行服装结构设计必备的基础。

(一) 人体静态尺寸与比例

1. 人体静态尺寸

人体自然垂直站立状态下各部位的尺寸称为人体静态尺寸。

(1) 肩斜角

肩斜角指的是肩斜线与肩颈点水平线的夹角，是衡量肩斜程度的指标。肩斜角大小与斜方肌的发达程度密切相关，通常男性体肩斜要大于女性体，男性正常体平均肩斜角约为21°，女性正常体平均肩斜角约为19°。肩斜角大于正常体的体型称为溜肩体，在进行服装结构设计时可通过添加垫肩结构来减小肩斜度；肩斜角小于正常体的体型称为耸肩体或端肩体，在进行服装结构设计时应适当增大肩斜角。

（2）颈斜角

从人体侧面观察，人体颈部并非呈直立状，而是呈自然前倾状。颈部中心线与铅垂线的夹角即颈斜角，可以被用于衡量颈部前倾程度。女性体颈部自然前伸，颈斜角约为 19° ；男性体颈部则较竖直，颈斜角约为 17° 。在服装结构设计中，颈斜度直接关系前、后直开领的尺寸，前倾程度越大，前直开领越深。

（3）手臂前倾角

当人体手臂自然下垂位于体侧时，手臂呈稍向前弯曲的状态，前臂的前倾度大于上臂的前倾度。一般正常体手臂前倾角约为 7° ，男性体的手臂前倾略大于女性体，这一角度是设计合体袖袖弯结构的依据。

2. 人体静态比例

（1）长度比例

在服装结构设计中，常以头长作为长度比例的基本单位。成年人体体型，亚洲人身高为 7～7.5 个头长，欧洲人身高为 8～8.5 个头长。一般 7 头长是亚洲人最佳的人体比例，7 头长的比例自上而下被分配为头部、下颌底到两胸高点连线、两胸高点连线到肚脐、肚脐到臀股沟、臀股沟到髀骨、髌骨到小腿中部、小腿中部到足底。

人体直立，双手自然下垂时，肘点和尺骨前点正好分别与腰节和大转子重合，因此，可以将肘点、尺骨点与躯干重合位置作为确定腰围线和臀围线的参考基准。

（2）宽度比例

在 7 头长身高比例中，臂展，即人体将手臂向两侧水平举起后两手指的间距约等于身高。上肢约为 3 个头长，其中上臂为 4/3 个头长，前臂为 1 个头长；手部为 2/3 个头长；总肩宽约为 2 个头长；臀宽约为 1.5 个头长。

（3）围度比例

与服装关系最为密切的围度尺寸主要是胸围、腰围、臀围。正常成年体，若以净体胸围为衡量标准，净体腰围约是净体胸围的 75%，净体臀围约为净体胸围的 1.1 倍。

（二）人体运动变化

在设计服装结构时，只注意人体的静态尺寸和比例关系是远远不够的。外形美观与运动舒适是服装结构设计追求的两大主题。服装的实用性很强，只有在运动舒适的基础上讨论外形美观才是有意义的。在进行服装结构设计时，只有在净体尺寸基础上加入一定的放松量后，人体才能穿着。放松量设计得当与否，取决于对人体运动变化规律的正确理解和把握。

1. 颈部运动规律

颈部可以进行屈伸、旋转运动，屈伸和左右倾角均约 45° 。这是设计领窝松度、领座倾斜角、高度、连衣帽的重要参考。

2. 脊柱运动规律

脊柱是人体的支柱，脊柱的运动主要是以腰椎关节为轴的屈伸、旋转运动，其中又以前屈幅度最大，正常情况下，前屈最大幅度约 80° ，后伸最大幅度约 30° ，左右侧屈最大幅度约 35° ，旋转最大幅度约 45° 。由于脊柱的这一运动特点，在进行服装结构设计时，应考虑在后片适当增加活动量，如上装后片长于前片就是基于这一原因。

3. 上肢运动规律

上肢是人体运动频率和幅度最大的部位，上肢运动主要是以肩关节、肘关节为支点的双轴运动。肩关节的运动上举、外展最大可至 180° ，后伸可达 60° ，内收为 75° 。肘关节的运动前屈可达 150° ，后伸可达 0° 。这就使得上肢的运动以向前、向上运动为主，因此应该在腋下应该设计一定松量，上装后片的松量应该大于前片，后袖窿的弧度小于前袖窿的弧度。

4. 下肢运动规律

下肢运动的支点主要是髋关节和膝关节，髋关节和膝关节的运动是进行下装结构设计时需重点考虑的。髋关节的运动主要是向前运动，最大可达 120° ，而膝关节恰恰相反，主要以后屈运动为主，最大可达 135° ，这一运动规律直接影响下装的臀围尺寸及下摆的造型。此外，在设计合体紧身的裙装时，还应考虑双腿行走、上抬的步幅、膝围等，在进行测量时可依需要加测相关部位尺寸，而后考虑加入开衩、活褶等设计工艺。

三、人体测量

（一）人体测量的意义

人体测量有两方面的意义，一方面是通过对于某一地区、某一种族或某一群体进行人体测量调查，获取大量的人体数据，确定出适用于服装工业生产的规格号型系列。例如，我国服装统一号型标准的制定，就是建立在对全国各地不同阶层的人体进行测量并得出数据这一基础之上的。通过广泛的人体测量，获取大量的人体有效数据，并科学的归纳这些数据，从而产生适合中国人实际人体尺寸并具有代表性的服装规格标准。

另一方面是基于“量体裁衣”的需要，由于自然人体与标准人体之间总是存在一定的差距，有时服装结构设计就不能直接套用现成的服装号型标准，尤其对于某些特殊体型，就更有必要进行实际测量。通过测量，直接获取人体各个部位的数据，并对被测者的体型特征有了理性的把握，这样才能在设计中做有目的的结构调整，确保制作出的服装适合人体。

服装是服务于人体的，只有了解人体的构造、机能、尺寸和形态，才能理解服装结构设计的原理与实质，进而设计制作出既美观又舒适、便于人们活动的服装。

服装最初就是基于人体着装的需要而逐渐发展起来的，是根据人体的立体构造利用柔软的服装面料制作而成的，因此服装与人体结构具有唇齿相依的关系。

人体结构是服装设计、样板制作的立足点，尤其在服装工业化大生产的今天，由于个体的体型特征千差万别，人们对服装的消费需求也不尽相同，要使服装产品满足如此多样的消费需求，就必须知道大量人体测量的平均值及偏差范围，因而对人体结构形态的测量和了解就显得尤为重要。

在服装构成学中，人体测量有多种目的，根据目的的不同又有多种测量项目。在服装结构设计阶段，测量人体的比例，即人体主要部位的投影长度、二维的体型图（从各个方向的投影图）是非常必要的；而在样板制作阶段，除了要进行以上服装设计所应有的人体测量之外，还应测量人体各部位的体表长度。体表长度与投影长度并不一样，人体背部的体表长度大于人体的投影长度。制作样板时，除了应知晓人体垂直面的投影以外，还应知道人体水平横截面的体型图。

除此之外，进行服装结构设计和样板制作都必须充分了解人体静止与运动时的形态差异，对体型的研究应动静兼顾。服装制作时的测量主要是测人体的胸围、背长、肩宽等，根据已测得的数值再加上一定的松量，得出服装的成品尺寸。不同的服装类型所注重的测量项目也有所不同，非成品服装如莎丽是不需经过人体测量就可直接制作的，但对套头式非成型服装而言，头围的测量非常重要。半成型服装如和服的测量并不需要太严谨，尺寸把握不必很准确，但袖长、衣长、腰围、肩宽尺寸还是应当确定的。

（二）服装人体测量概述

1. 人体测量的工具

服装业进行人体测量的传统的工具主要是软尺、角度计、测高计、测距计、可变式人体截面测量仪等，利用这些工具，设计师可以直接测量出人体部位的体表长度、高度、角度和横截面形状，工具结构简单，操作方便，以下重点介绍几类常用工具：

（1）软尺

软尺主要用来测量人体尺寸和裁片的长度。

（2）角度计

角度计主要用来测定肩斜度、背面倾斜度等身体各部位的角度。

（3）可变式人体截面测量仪

可变式人体截面测量仪是用来测量人体水平横截面和垂直横截面的工具，通过分析人体截面，可求得人体体型特征。

（4）测高计

测高计用于测量人体身长、总体高等各种纵向长度。

2．人体测量注意事项

人体测量是衡量身体形状和尺寸的手段，它在服装设计领域被广泛应用。以下是关于人体测量的十条注意事项：

（1）使用合适的测量尺

选择一把质量好的测量尺，确保其刻度清晰可见且不变形。最常见的是一把带有厘米和英寸刻度的直尺。

（2）标定测量尺

在使用之前，要确保尺的刻度是准确的。可以将尺子与已知尺寸的物体（如一张 A4 纸）进行比较，以确保尺的刻度精确。

（3）保持稳定姿势

在进行测量时，被测者应尽量保持直立的姿势，并放松肌肉。身体的倾斜或弯曲会影响测量结果的准确性。

（4）定位正确的测量点

在测量过程中，需要准确定位测量的起点和终点。在测量腿长时，应将起点放置于髂峰（髋骨上突起的部位）处，终点则是人体距离地面的最低点。

（5）测量部位的周围环境要适宜

确保测量部位周围的环境是稳定、无干扰的。在测量腹围时，应确保被测者没有穿戴过于厚重或松懈的衣物，以避免测量结果的偏差。

（6）测量尺的位置要准确

确保测量尺与测量部位保持垂直，并与被测者的身体接触。尺子的不正确放置可能导致测量结果的偏差。

（7）测量贴身紧凑但不压迫

在测量身体周长时，尺子应贴紧被测者的身体表面，但不能过于紧压，以避免影响血液循环和减少舒适感。

（8）重复测量以确保精确性

针对关键测量指标，进行多次测量以确保结果的准确性。如果多次测量结果相差较大，则应检查测量方法是否正确，并尽量减少测量误差。

（9）记录测量结果

及时准确地记录测量结果，包括测量时间、体位以及具体的测量数值，这有助于后续分析和比较。

（10）尊重被测者的隐私和保证舒适感

在相对私密的测量项目中，如胸围、臀围等，要尊重被测者的隐私和保证舒适感，通过合适的沟通和对尺子位置的调整，确保测量过程的舒适性和尊重被测者的隐私权。

3. 人体测量的测定点

人体具有复杂的形状，为了便于对其进行测量，必须在人体表面确定一些点作为进行测量的基准，这样测量的数据才有可比性。

是根据人体测量的需要确定的，测定点和基准线无论在谁身上都必须是固有的，不能因时间、生理的变化而改变。因此，测定点和基准线一般多选在骨骼的端点、突起点和肌肉的沟槽等部位。

① 头顶点——头顶部最高之点，位于人体中心线上。

② 颈窝点——颈根曲线的前中心，前领圈的中心。

③ 肩颈点——颈根曲线上从侧面看颈的厚度中央偏后的点，也叫侧颈点。

④ 肩端点——从侧面看，在人体肩端及上臂处宽度的中央位置，处于肩与手臂的转折点上，通常比肩峰点靠前，是量取肩宽和臂长的基准点。

⑤ 前腋窝点——手臂根部曲线内侧位置，放下手臂时为手臂与躯干在腋下结合处的起点，常被用于测量胸宽。

⑥ 后腋窝点——常被用于测量背宽。

⑦ 胸高点——胸部最高点。

⑧ 颈后中点——颈后第七颈椎骨，是测量背长的基准点。

⑨ 肘点——肘关节的突出点，是测量上臂长的基准点。

4. 人体测量项目

人体测量项目由测量目的所决定，测量目的不同，需要测量的项目也有所不同，服装结构设计所需的人体测量项目主要有以下几个：

① 总体高——软尺垂直向下从头顶点量至脚跟平齐。

② 背长——软尺向下从颈后中点量至腰围线上。

③ 乳位高——软尺向下从肩颈点量至胸高点（男性不测）。

④ 中腰高（腰节高）——软尺向下由肩颈点经胸高点量至腰围线上。

⑤ 臀围——在臀部最丰满处水平围量一周（松紧度应控制在软尺刚能转动，但不能脱落）。

⑥ 臀高——体后腰围线向下量至臀部最高点，常被用于确定裙装臀围线位置。

⑦ 股上长——从体后腰围线向下量至臀沟，常被用于确定裤装直裆。

⑧ 股下长——从臀沟向下量至脚跟平齐。

⑨ 膝长——由体前腰围线量至膝盖最高点。

⑩ 上臂长——从肩端点向下量至肘点。

⑪ 臂长——从肩端点向下经肘点量至茎突点。

⑫ 头围——软尺经过前额与后枕骨围量一周。

⑬ 胸围——胸部最丰满处水平围量一周。

⑭ 上臂围——上臂最粗处围量一周。

⑮ 掌围——手握成拳围量一周，常被用于确定袖口大。

⑯ 肘围——在肘关节处水平围量一周。

⑰ 腕围——在腕关节最突出处围量一周。

⑱ 肩宽——软尺从左肩端点经颈后中点量至右肩端点。

⑲ 胸宽——从胸前的左前腋窝点量至右前腋窝点。

⑳ 背宽——从背后的左后腋窝点量至右后腋窝点。

㉑ 乳间距——左右胸高点间的距离（男性不量）。

㉒ 肩幅（小肩宽）——肩颈点到肩端点间的距离。

㉓ 颈围——软尺经过颈后中点到喉结下 2cm 点围量一周。

㉔ 颈中围——在颈中部位水平围量一周，软尺要通过喉结。

注：在测量时，软尺与人体应保持一个手指的松度。

四、服装结构

要想将服装结构设计实体化，就要对服装结构有一定的了解。衣服是要穿在人身上的，而人体是一个曲面的立体结构，它有着不同的凹凸和围度，如以平面的布料直接围绕，有多个不规则曲面的人体不会完全贴合布料。而通过对服装结构的分解，用几个不规则的平面展现凹凸的人体，就得到了人体结构的平面展开图，更便于后续设计操作。

（一）服装结构的基本概念

服装结构的基本概念就是将人体的各个曲面分解，从而得到多个平面的结构；如果以工艺手段将这些平面的展开图组合起来，就能得到立体的服装结构。

（二）制板与推板

1. 制板

进行制板一般可以通过两种方法：一是立体裁剪法，二是平面裁剪法。平面制板是以特定工具绘制服装款式的平面展开图的过程，是服装结构设计中最为重要的一环。一般通过原形法和比例法得到板型，比较常用的是前者。原形法是在基础原形的基础上（基础原形是设计师通过对人体胸围、腰围、臀围、背长等基本尺寸计算出基础的数据得到的）结合具体的款式要求进行相应的变化，得到款式板型。比例法是根据以胸围、臀围等尺寸为计算的基数，并以此为基础按照一定的比例计算，得到其他部位的尺寸来得到板型的方法。

2. 推板

在服装工业生产中，通过打板得到的基础板型一般为中间板型，考虑到服装受众的高矮、胖瘦和体形特征，我们还要以这套中间板为基础通过推板得到不同的板型，获得针对不同体形特征的多个尺寸。

第二节　服装结构设计基本原理

一、服装结构设计概念与研究内容

结构是指服装各个组成部分的搭配与排列，服装整体分为上衣与下装，上衣由衣身、袖子、领子构成，下装包括裙装与裤装。这些服装部件与服装类型的自身设计、组合及搭配构成服装结构设计。

服装结构设计、款式设计、工艺设计是相互制约、相互促进、相互补充的。掌握服装结构设计基本原理，会使款式设计更科学、合理，同时也是实现服装美观性的必要方法。服装结构设计与服装制作工艺有时是息息相关的，外观相同的服装，由于服装制作工艺运用不同，其服装结构设计也就不同，好的服装结构设计也能够促进工艺的简化，从而减少损耗、降低服装成本。

服装结构设计本身是针对与人体、服装及其相关因素之间的研究，具体内容如下：

（一）研究人体结构与服装结构之间的关系

服装与人之间的关系是非常紧密的，人们在长期生活和劳动过程中逐渐发明了衣服，衣服成为人们保护自己、包装自己、推销自己的一种重要方式，在现代社会，服装与人体之间的关系更为紧密，服装因人而存在，同时也为人而服务。任何服装不论风格，都有其自己的结构，设计师只有将这些结构与人体更好地结合起来，才能设计出更多符合人们需要的衣服，为此应该根据人体特征进行服装结构设计。

1. 人体结构决定服装衣服口位置

对于服装结构设计来说，对各种衣服口的位置处理是非常重要的，它决定着人能否很顺畅地穿上这件衣服，也决定着人们穿上这件衣服后的美观程度，因此人们在购买衣服的时候往往会将更多的注意力放在衣服口的位置上。衣服口主要包括袖口、裤口和颈口，在设计过程中，应充分考虑到这些衣服口与人体结构之间的关系。以领口为例，衣领是与人体颈部相贴的主要结构，同时也是前后衣片之间相连的位置，领口的位置决定着服装本身的美观程度以及服装穿着起来的舒适程度。人体的颈部本身具有旋转的能力，但左右旋转一般不能超过 180°，所以在进行领口结构设计时，要注意领窝的高低位置，裁切过程中一定要做到准确无误，衣领的造型形式很多，但大体可以分为圆、曲、直、方等，要想更好地进行领口结构的设计，必须根据人体的颈项特征进行设计，一般来，说人体脖子的粗细决定着领口直径的大小，在具体设计过程中，应充分考虑到衣服使用者脖子的大小以及旋转过程中的舒适程度。颈项前上界为下领边沿，向下可以到达锁骨之间，后面由枕骨开始顺延至第七颈椎骨，整个颈部呈现出一种上面细下面粗的圆柱体形态，从侧面看，前低后高呈倾斜的状态，这样的结构要求在进行颈口的设计时注意前后左右的角度问题，将前颈点、倾颈点与后颈点之间相连接，从而形成较为统一的造型。

2. 人体结构决定服装转折的处理

对于很多衣服来说，局部的转折同样是非常重要的，如果整个服装结构从上到下都是一样的，那么这样的服装也就缺乏一定的变化，整个服装的形态不够美观，为此在进行服装结构设计的过程中，应将人体结构的转折与服装结构的转折处理得当，从而使衣服显得更加美观得体。

比如，人体的膝盖关节是一个重要的转折关节，膝盖位于人体大腿和小腿的连接转折之处，其主要功能是帮助人体的大小腿之间进行更好的转折，人们通过膝盖的转折可以实现下蹲和站立两种不同姿势的相互转换。当人体站立的时候，膝盖骨向内部收缩，使得大腿与小腿之间几乎在一条水平线上，人们在这样的姿态下行走的过程中，整个裤装腿应该是笔直的，而当人们下蹲时，人体膝盖位置向前凸出，大腿和小腿之间的形态转移较为突然，其中最高点为膝盖，因此在进行服装结构设计过程中，应特别注意膝盖位置的裤腿结构变化，确保人体在下蹲和站立过程中裤装的转折都能进行合理的呈现，从而保证服装本身的舒适程度。

3. 人体结构决定服装造型的处理

人体结构同样决定着服装的造型处理，尽管服装的基本造型都是相同的，但是对于一些局部位置来说，不同的服装的造型还是存在很大差异的，不同人体结构位置对应的服装在其造型方面也存在较大的差异，因此在进行服装结构设计时，应注意人体结构对服装造型的影响。以臀部为例，臀部包括股关节，臀部的正面与臀突处之间交错产生高低之分，臀部肌肉比较丰厚，外形呈现出上隆的形态。臀部主要由臀沟、臀裂、股关节等结构组成，其中臀部体表的变化对服装造型的变化影响最大，因此在设计裤装时，应该充分根据臀部结构进行合理的裤装造型处理。而在进行裤装的制作时，应该根据臀部的基本形态以及其由臀部向腿部过渡时的曲线对服装进行相关的造型变化和处理，并根据其人体的臀部与髋、膝、踝等关键的活动范围对服装进行合理的造型处理。人体大腿相对较粗，因此裤装臀部与前面的横裆之间造型关系应与大腿之间的关系相协调。对于臀部的造型设计而言，还需要注意人体臀部凹凸变化的关系，把握好最高点与最低点之间的关系，从而为设计出让人体感到舒适的服装作品打下良好的基础。

总之，在进行服装结构设计时，人体结构与服装之间的关系是非常紧密的，它不仅决定着服装的整体造型结构，转折变化，还决定着服装各个位置的尺寸与大小，因此在进行服装结构设计时，一个专业的服装设计师应该满足以下几个基本的条件：首先，应该具有主动美化人体结构的能力，人体结构变化多样，如何更好地将其展现在服装之中，使服装能够更好地把人体结构的转折处理好是非常重要的。其次，设计出的服装必须能更好地满足人体运动的功能，服装不仅仅是对人体外形的复制，更是人体对复杂结构的简单概括，因此只有合理地处理好人体结构与服装之间的关系，才能设计出更多优秀的服装设计作品。

（二）研究人体运动变化对服装结构的影响关系

人体不是静止的，人体呼吸、运动时都要求服装结构设计预留放松量。服装结构设计必须保证人体生理机能正常运转所需放松的量值，包括呼吸、血液循环和基本运动等需要的余量。在服装面料没有备弹性时，服装结构设计必须保证生理最低允许量，这时的放松量一般不能少于2cm。所以，服装结构设计与人体结构及其活动规律有着相互依存的关系。一件成品服装的性能优劣，最终要由穿着使用它的人进行检验与评价。

设计和制作出满意的服装作品，必须了解人体的特征，特别要了解人体的运动特征。例如，由于人体上肢向前运动的频率较多，后背宽放松量的分配量大于前胸宽放松量。同时，服装结构设计也要满足人体对服装穿着的需求。例如，人们在参加宴会时穿着的正式礼服放松量较小，因为人体此时运动幅度较小；人们在参加武术运动活动时穿着的服装放松量设计较大，因为人体此时运动幅度较大。服装放松量的加减，要根据人体运动的特征和人体运动时对服装穿着的需求而设计。

1. 人体运动对服装结构样式的影响

服装放松量的设计直接影响到服装款式的风格，例如，职业装、休闲装放松量设计需满足人体行走、坐卧等一般运动要求，放松量的设计大于零。泳衣的放松量设计需满足人体运动时受水中阻力最小的要求，采用弹性面料来制作服装，放松量设计小于或等于零。

宽松服装的放松量设计受到人体运动的限制较少，可根据服装的款式风格来决定放松量的大小。这类服装的放松量值较大，其袖窿随着放松量的增大，袖窿弧线由与原型相似形变成细长形，袖窿的深度随之变深。当放松量增大到一定量时，袖窿放松量的分配量可为零，此时放松量则全部分配在胸宽与背宽之中，其服装的结构则完全由立体过渡到平面，这也是由放松量的变化所导致的服装结构从量变到质变的过程，它揭示了放松量对服装结构样式的影响。

如要设计紧身与合体的服装，其胸围放松量、后背宽放松量、袖窿放松量在服装结构中占总放松量百分比的分配方式为30%、40%、30%。这种分配方式使放松量能较均匀地分布在胸宽、背宽及袖窿处，符合人体运动规律，使服装便于手臂向前、上举以及身体向前的运动。同时将放松量较多地分布在侧缝附近，可使放松后的服装在前、后中心部位仍能保持较为平整美观的外观造型。

2. 人体运动对服装面料选择的影响

不同性能的服装面料的选择会影响人体的运动，进行服装结构设计必须考虑面料的性能。例如，人体需要运动幅度较大时，可选择较有弹性的服装面料，如拉架、莱卡面料的弹力较大，方便人体运动，可以减少放松量，放松量设计可为零，甚至是负值。服装面料的弹力越大，放松量可以设计的越小。人体需要运动幅度较小时，可选择较厚没有弹性的服装面料，因为服装面料的厚度会对人体运动的幅度和舒适度产生影响，越薄弹性越大的服装面料越轻便，对人体运动的影响越小；越厚弹性较小的服装面料越厚重，对人体运动的影响越大。因此，随着服装面料厚度的增加弹性的减少，放松量也需相应增大。一般轻薄的丝、棉、化纤等服装面料加放的放松量通常应为1.5～2cm；麻、毛、丝、棉、化纤等中等厚度的服装面料，加放的放松量一般为2～2.5cm；对于呢绒等较厚的服装面料，加放的放松量通常为3～3.5cm。当我们了解了人体运动与服装之间的关系、人体运动对服装结构样式的影响、人体运动对服装面料选择的影响以后再来设计服装的放松量，相对来说就比较容易了。

（三）研究服装各部件及其相互之间的关系

服装结构设计最直接、最核心的内容即依照款式来设计服装的板型，使结构线的设置、省量的分配、袖片与衣身的融合等更科学、美观。

① 衣片原形。对服装的廓形特征进行分析，可以发现衣片属于服装的一个相对中心的位置，因此在服装结构设计中需要将衣片廓型当作是服装款式构成的基础，并在此基础上对衣领原形、衣袖原形等部件来进行设计。

② 衣袖原形。按照服装衣袖的基本结构衣袖可分成擦肩袖、连袖、装袖等。在服装结构设计中需要在衣袖原形造型的基础上，对衣袖的风格再进行适当变化。

③ 衣领原形。按照服装衣领的基本结构衣领可分成立领、翻领、驳领等。在服装结构设计中需要在衣领基础造型上按照衣片原形进行适当变化。

（四）研究服装面料对服装结构设计的影响

服装的性能在很大程度上是由服装面料决定的。在服装设计中，设计师需要很好地理解服装面料的性能并能合理地对服装面料加以运用，才能设计出美观和性能良好的服装。

1.服装面料的舒适性

目前，人们更加追求舒适、轻松的生活方式，更加注重服装的穿着舒适性。而服装的舒适性取决于服装面料的舒适性能和服装的款式结构。服装面料的舒适性能主要包括以下几个：

（1）热湿舒适性能

人体处于与环境不断的能量质量交换中，人体的热湿舒适感取决于人体和周围环境之间热量和水分等的平衡交换，服装在这种能量质量交换中起调节作用。服装调节能力的大小又取决于服装的款式和服装面料的有关性能，主要包括隔热性、透气性、吸湿性、透湿性、透水性、保水性和润湿性等，统称为热湿舒适性。

① 服装面料的隔热性。

服装面料的隔热性对防寒服装有重要意义，要使服装具有良好的隔热性，需要选择隔热性良好的服装面料。

当服装面料的两个表面存在温度差时，热量就会从温度高的一面向温度低的一面传递，这就是热传导或导热。服装面料的隔热性与服装面料的导热性正好相反。服装面料的隔热性可用服装面料的热阻来表示，热阻值越大，服装面料的隔热性越好。

服装面料的热阻主要受其结构中死腔空气和静止空气含量的影响，相同结构的服装面料，其热阻随厚度的增大而增大。同样厚度时，中空纤维或蓬松结构的服装面料，因容纳有大量的死腔空气或静止空气，因而热阻大、保暖性好。服装面料厚度方向上的压缩弹性影响其隔热性的持久性，压缩弹性好的服装面料，在穿用过程中可以较长时间保持其隔热性，吸湿性好的服装面料在潮湿环境中隔热性会明显下降。

② 服装面料的吸湿性、放湿性和透湿性。

当环境气温与人体表面温度相等，甚至高于体表温度时，人体最重要的散热途径就是通过出汗增加蒸发散热。即使人体在热应激水平很低时，人体也会不断地通过皮肤向体外释放水分，即不感知蒸发。这些水分如果不能及时地被服装吸收或透过服装释放到环境中，人体就会感到闷热或潮湿，引起人的不适感。

服装面料吸收气态水分的能力被称为服装面料的吸湿性，服装面料放出气态水分的能力称为服装面料的放湿性。服装面料的透湿性是指气态水分因服装面料内外表面存在水汽压差而透过服装面料的性质，因为人体不断向体外排出水分，这些水分能否及时被服装吸收或透过服装释放到环境中，对于穿着这些服装的人而言，舒适与否是十分重要的。服装面料的吸湿性、放湿性和透湿性对服装的舒适性有很大的影响。

对夏季服装和内衣而言，服装面料要有良好的吸湿性、放湿性和透湿性，以便吸收人体通过不感知蒸发和出汗向皮肤表面排出的水分，并迅速释放到周围环境中，以保持皮肤表面湿度适宜。对冬季服装的填絮料而言，因为其吸湿后保暖性会降低，所以设计师一般希望冬季服装吸湿性差一些，尤其对于湿冷环境下穿着的冬季服装更是如此。此外，服装面料的吸湿性还与其抗静电性密切相关，吸湿性差的服装面料，容易引起静电问题，造成其他的不适感。

服装面料的吸湿性主要由其纤维原料的吸湿性大小所决定，服装面料吸湿性的表征指标是公定回潮率，公定回潮率越大，吸湿性越好。棉、麻、丝、毛和再生纤维素纤维的吸湿性都很好，而合成纤维的吸湿性普遍差。

气态的水分透过服装面料的性能，被称为服装面料的透湿性。在我国国家标准中，对透湿性的评价指标是透湿率，即在服装面料两面存在恒定的水蒸气压差的条件下，在规定时间内通过单位面积服装面料的水蒸气质量，单位是 $g/(m^2 \cdot d)$，就是每天每平方米服装面料上的透湿量。

影响服装面料透湿性的主要因素有纤维的吸湿放湿性能、服装面料的紧密度、厚度和后整理。当接近皮肤的衣下空气层中水蒸气分压大于周围环境中水蒸气分压时，水蒸气便可以通过服装面料纱线间的孔隙和纤维间的孔隙，从水蒸气分压高的皮肤表面向水蒸气分压低的外环境扩散，而服装面料的紧密度和后整理决定了这些孔隙的大小和多少。服装面料的厚度越大，对水蒸气的粘滞力越大，对水蒸气的扩散阻力也就越大。纤维具有一定的吸湿能力，又有一定的干燥能力，可以从湿度高的环境吸湿后向湿度低的环境进行干燥。在其他条件相同时，如果纤维的吸湿性好，干燥性也好，则透湿性增加。

③ 服装面料的透气性。

气体透过服装面料的性能称为服装面料的透气性或通气性，服装面料的透气性以服装面料两面在规定的压力差条件下（国标为 2000Pa），单位时间内流过单位面积服装面料的空气体积来表示，透气性的单位是 $L/(m^2 \cdot s)$。

服装面料的透气性与服装的隔热性能有关，在有风时，外层服装面料的透气性对于服装的隔热性影响很大。对于在寒冷环境中穿着的外层服装，其面料应当具有较小的透气性，以提高整体服装的防寒保暖性能。另外，服装材料的透气性还与服装面料的透湿性能密切相关，对于同种纤维的服装面料，其透湿性能随其透气性的提高而提高，夏季服装面料要具有良好的透气性。

服装面料透气性直接的决定因素是服装面料中直通孔的大小、多少和服装面料厚度，同时也受纤维的截面形态、纱线细度、服装面料的密度、厚度、组织以及染整后加工等多种因素的影响。

汗布、巴厘纱、细纺、乔其纱等轻薄、多孔面料有良好的透气性，适合用作夏季服装面料；经过防水整理的尼龙塔夫绸的透气性差，是优良的防寒服面料。

④ 服装面料的液态水传递性能。

服装面料中液态水的传递是通过毛细管作用实现的，是一种芯吸传递。服装面料的液态水传递性能主要取决于水对纤维表面的润湿性能、纤维的细度和截面形状，纱线中纤维的排列状态和服装面料的后整理。

设计冬季贴身穿用的运动员训练或比赛服装时，如果在内层采用吸湿性差而液态水传递性能好的服装面料，则可以迅速将汗水传递到外层服装面料中，保持比较干燥的状态，可以避免运动结束后体热的过分散失，进而避免因此造成感冒。

设计对于炎热条件下贴身穿着的服装时，如果选择的服装面料的液态水传递性能好，则可以迅速将汗水传递到服装面料的外层，从而促进汗水的蒸发，增加蒸发散热量，如 Coolmax 等排汗快干纤维的服装面料有优良的液态水传递性能。

⑤ 服装面料的保水性能。

服装面料的保水性能，是指服装面料握持液态水分的能力。所有的纺织结构，无论其纤维是否吸湿，都能把水分聚集在纤维的内、外表面或纤维之间的孔隙中，这些水分被称为吸附水。服装面料保水性能的大小，就是由纤维的吸湿能力和织物的这种保持吸附水的能力决定的。

服装面料的保水性能与夏季贴身服装的舒适性有较大的关系，如果贴身服装面料的保水性能好，就可以吸收更多的汗水而不容易产生潮湿感和粘体感。相反，如果夏季贴身服装面料的保水性能差，只吸收了少量的汗水就已达到饱和，很容易让穿着使用它的人感觉到潮湿感和粘体感。

过于轻薄的长丝服装面料，尤其是吸湿性差的合成纤维长丝服装面料，因其最大容水量小，在人体出汗量较低时，就会粘贴皮肤，导致不舒适。

（2）触感舒适性能

除了热湿舒适性以外，触感舒适性也是服装舒适性的重要方面，对贴身穿着的服装而言触感舒适性尤其重要。触感舒适性是由服装面料的物理机械性能作用于人体皮肤造成的结果，因此，服装触感舒适性的评价与服装面料的物理机械性能、皮肤的特性及环境的温湿度等因素有密切关系。服装的触感舒适性主要包括服装面料的手感、接触冷暖感，刺痒感和粘体感。

① 服装面料的手感。

服装面料的手感：人用手触摸、攥握服装面料时，服装面料的某些物理机械性能作用于人手，使人通过人脑思考得出对服装面料特性的综合判断。

服装面料的手感主要包括服装面料的粗糙与光滑、柔软与硬挺、弹性好坏、轻重，厚薄、丰满与板结等多个要素。服装面料的手感不仅与服装的穿着舒适性有关，而且影响服装的造型和保型性，是服装面料的多种物理机械性能和内在质量的一种综合反映。

对于贴身穿着的服装，人们往往青睐手感柔软的服装面料。对于造型硬朗的服装，需要使用比较硬挺的服装面料；对于造型柔美，线条流畅的服装，需要使用柔曲性好的服装面料。

② 服装面料的接触冷暖感。

环境温度较低的情况下，当人体接触服装面料时，由于人体皮肤温度比服装面料温度高，热量就会由接触部位的皮肤向服装面料传递，导致接触部位的皮肤温度降低，因而与其他部位的皮肤温度有一定的差异，这种差异经过神经传到大脑所形成的冷暖判断及知觉，称为服装面料的接触冷暖感。一般来说，表面光滑的服装面料，与皮肤接触面积大，冷感较强；起绒、毛圈服装面料，与皮肤接触面积小，暖感较强。

对于冬季贴身穿着的服装，如果所用的服装面料暖感较强则比较舒适；反之，如果服装面料的冷感较强，穿着时人的皮肤就会感到骤凉而不舒适。

③ 服装面料的刺痒感。

某些服装面料与皮肤接触时，由于服装面料与皮肤之间的相互挤压、摩擦，使皮肤产生刺痛和瘙痒的不舒适感觉，这就是服装面料的刺痒感。

服装面料的刺痒感主要见于毛衣，粗纺毛服装面料和麻服装面料等。从服装面料本身而言，刺痒感主要与服装面料表面纤维（毛羽）的粗细、多少、长短以及纤维在服装面料中滑移的难易有关。其中，纤维的粗细是影响服装面料刺痒感最重要的因素。对于贴身穿着的服装面料，应避免其产生刺痒感。

2. 服装面料的耐用性

随着人们生活水平和对时尚追求的提高，很多情况下，一件服装被丢弃，不是因为已经穿坏，而是因为不再时髦。因此，服装面料的强度和耐用性能已不再像从前那样被强调，但是，人们还是希望自己的服装有合理的强度和耐用性能。

（1）拉伸强度

服装面料在承受较大的拉伸负荷时，会产生拉伸断裂。

表征服装面料拉伸性能的指标有断裂强力、断裂伸长、断裂长度、断裂伸长率、断裂功等。研究表明，断裂功与穿着耐用性有密切的关系，能在较大程度上反映服装面料的内在质量。国际上通常将经纬向断裂功之和作为服装面料的坚韧性指标。

一般穿着情况下，服装由于拉伸断裂而产生的破坏并不多，因为多数服装面料的断裂强力都能够承受被人穿着过程中受到的拉伸力。轻薄型的粘胶纤维服装面料在润湿状态下强力有明显下降，在穿着和洗涤时人们要加以注意。

（2）撕破强度

在服装穿着过程中，服装面料中的纱线会被异物钩住而发生断裂，或是服装面料局部被夹持受拉而撕成两半，服装面料的这种破坏现象被称为撕裂或撕破。

结构过于紧密的服装面料和经过树脂整理的服装面料，其撕破强度较低；部队陆军服装和野外作业的服装对服装面料抗撕破强度的要求较高。目前，我国要求对经树脂整理的服装面料测定其抗撕破强度，针织服装面料一般不做撕破试验。

（3）顶裂强度

服装面料局部在垂直于服装面料平面的外力作用下受到破坏，称为顶裂。

随着生活水平的提高，服装更新也越来越快，服装面料一般不会发生顶裂的现象，但服装穿着中较多出现拱膝拱肘现象，影响服装的挺括和美观。可以利用顶裂试验机进行起拱试验，在试样上施加一定的负荷并且反复作用于服装面料，分析服装面料的变形特点，用以判断服装穿着时的保形性。

（4）耐磨性能

服装在穿着过程中，臀、膝、肘，领、袖、裤脚等部位受到各种摩擦而引起损伤和使服装的强度、厚度减小、外观上起毛、失去光泽、褪色、出现破洞，这种破坏被称为磨损，耐磨性能就是服装面料具有的抵抗磨损的特性。

随着生活水平的提高，人们不再像以前一样看重服装面料的耐磨性能，但对于工作服和童装面料来说，其耐磨性能仍然很重要，设计师在选择服装面料选择时要加以重视。

根据服装面料在磨损时所处的状态，服装面料的磨损主要分为平磨、曲磨、折边磨。平磨是对服装面料试样以一定的运动形式作平面摩擦，模拟服装袖子、臀部、袜底等处的磨损形态。曲磨是使服装面料试样在弯曲状态下受到反复摩擦，模拟服装肘部和膝盖处的磨损形态。折边磨是将试样对折后，对试样的对折边缘进行反复摩擦，模拟服装领口、袖口和裤脚等处的磨损形态。

结构过于紧密的服装面料、经过树脂整理的服装面料以及麻织服装面料，其耐折边磨的性能较差。

（5）耐疲劳性

疲劳是指服装面料在小外力的反复作用下会逐渐累积变形，最终导致服装面料破坏的一种现象，服装面料抵抗因疲劳而损害的能力被称为耐疲劳性。

服装面料的耐疲劳性主要与纤维的弹性和延伸性、纱线结构、服装面料的织物后整理有关。此外，服装的穿着条件对服装面料的耐疲劳性也有较大影响，勤换衣服可以减小服装面料变形的累积程度，洗涤和熨烫等给予的温度和水分，都能使变形得到有效的恢复，从而提高服装面料的耐用性。

对于工作服和童装面料来说，耐用性仍然是很重要的，选择服装面料时要加以重视。

3. 服装面料的外观性能

服装面料的外观性能是服装品质的重要方面，也是服装消费者非常关注的方面。服装面料外观性能主要有悬垂性能、抗皱性能、洗可穿性能、抗起毛起球性能、抗钩丝性能以及色泽和色牢度。

（1）悬垂性能

服装面料的悬垂性对于服装（特别是裙装）的造型效果起着重要作用。

服装面料的悬垂性：服装面料由于自身重力的作用，在自然悬垂状态下呈波浪屈曲状的特性。

服装面料的悬垂性用悬垂系数表征，悬垂系数取值在 0～1，悬垂系数越小，则服装面料悬垂得越厉害，服装面料的悬垂性越好。

服装面料的悬垂性与织物的弯曲性能和剪切性能有密切关系，越硬挺的服装面料，悬垂性往往也越差。

服装面料都应具备一定的悬垂性，但不同造型的服装，对服装面料悬垂性的要求不同。例如，同样是裙装，A 字型短裙要求服装面料的悬垂性不能太好，服装面料应有足够的硬挺度；而波浪裙则要求服装面料的悬垂性非常好。再如，西服套装要求服装面料的悬垂性不能太好，而柔美风格的晚礼服长裙则要求制作面料的悬垂性非常好。

强捻纱的服装面料一般悬垂性很好。采用同样纱线制作的服装面料，紧密度越高，服装面料的悬垂性越差。棉织服装面料的悬垂性较差，精纺毛织服装面料的悬垂性较好，丝织服装面料中的双绉、乔其纱、绉缎的悬垂性都很好。

（2）抗皱性能

多数情况下，人们喜欢服装具有平整挺括的外观。比如，有些服装洗涤后要进行熨烫，其主要目的就是去除服装上的褶皱和塑造服装的立体造型。服装上的褶皱，实际上也就是服装面料的褶皱，是由于服装在穿着或洗涤过程中受到机械外力的揉搓作用而产生的，它不仅影响服装的美观，而且服装褶皱处易被磨损。

服装面料抵抗因揉搓作用而产生折皱的性能，被称为服装面料的抗皱性。服装面料的抗皱性可分为干态抗皱性和湿态抗皱性，干态抗皱性可以较好地表征服装面料在一般穿着时的抗皱性能；湿态抗皱性可以较好地表征服装面料洗涤过程中展现出的抗皱性能。

服装面料抗皱性的好坏一般用服装面料的折皱回复角来表示，折皱回复角越大，服装面料的抗皱性越好，服装面料的折皱回复角等于服装面料经向的折皱回复角与服装面料纬向的折皱回复角之和。

羊毛服装面料有很好的干态抗皱性；涤纶服装面料面料的干态抗皱性和湿态抗皱性都很好；普通的棉、麻服装面料的抗皱性差；棉、麻与涤纶纤维的混纺服装面料，其抗皱性随涤纶纤维含量的增加而提高；树脂整理可以显著提高棉以及棉混纺服装面料的抗皱性。

（3）洗可穿性能

能使服装面料在洗涤后，不经熨烫或稍加熨烫表面就很平整的性能称为服装面料的洗可穿性。

服装面料的洗可穿性与纤维的吸湿性、初始模量和服装面料的湿态抗皱性有密切关系。涤纶、腈纶和锦纶等合成纤维服装面料一般具有良好的洗可穿性，其中，涤纶服装面料的洗可穿性尤其好，这也是涤纶服装面料广受欢迎的一个重要原因。纤维素纤维服装面料和蛋白质纤维服装面料的洗可穿性普遍较差，洗涤后一般都需要加以熨烫，人才能穿用。纤维素纤维服装面料和蛋白质纤维服装面料经过树脂整理，其洗可穿性有明显改善。

关于服装面料的洗可穿性的评定方法，目前国内外采用较多的有拧绞法、落水变形法和洗衣机洗涤法。评定方法，是将试样与标准样照对比，标准样照分为5级，5级样照洗可穿性最好，1级最差，取三块试样的平均值作为评级结果，在国外有同时测试湿态抗皱性来评定服装面料的洗可穿性的先例。

（4）抗起毛起球性能

服装面料在被人实际穿用的过程中，不断经受摩擦，使服装面料表面的纤维端露出服装面料，在服装面料表面呈现许多令人讨厌的毛茸，即“起毛”；若这些毛茸在继续穿用中不能及时脱落，就互相纠缠在一起，被揉成许多球形小粒，这通常被称为“起球”。起毛、起球，会使服装面料外观恶化、手感变差，并且容易沾污。

服装面料抗起毛起球性能分为5级，5级表示抗起球性能最好，1级表示抗起球性能最差。由较短纤维制成的服装面料起毛、起球程度，比由较长纤维制成的服装面料严重；细纤维比粗纤维更易起球；精梳纱服装面料的抗起毛起球性能优于普梳纱服装面料；股线服装面料的抗起毛起球性能优于单纱服装面料；结构紧密的服装面料比结构疏松的服装面料的抗起毛起球性能好。烧毛、剪毛和树脂整理都能有效降低服装面料的起毛、起球程度。

（5）抗钩丝性能

服装面料特别是针织服装面料和结构较松的长丝机服装面料在被人使用的过程中，若遇到尖硬的物体，则服装面料中的纤维或单丝易被钩出，在服装面料表面形成丝环；当遇到的物体比较锐利时，单丝易被钩断，呈毛球状突出于服装面料表面，这就是服装面料的钩丝现象。服装面料抵抗钩丝破坏的能力称为抗钩丝性能。服装面料产生钩丝，不仅影响其外观，而且影响其手感和耐用性，设计师选择结构疏松的服装面料要特别注意其抗钩丝性能。

服装面料抗钩丝性能分为 5 级，5 级表示服装面料抗钩丝性能最好（不易钩丝），1 级表示服装面料抗钩丝性能最差（很容易钩丝），这种性能分级可精确至 0.5 级。

一般针织服装面料比机织服装面料更易钩丝，长丝纱织服装面料比短纤纱织服装面料易钩丝。对于针织服装面料而言，其线圈长度较长、纵向密度和横向密度较小的服装面料更易钩丝，提花织服装面料比平针织服装面料更易钩丝，表面有长浮线的服装面料更易钩丝。对于机织服装面料，服装面料表面的浮长线的长度越长，长浮线越是突出于服装面料表面，则越容易产生钩丝，如蜂巢组织的服装面料等都容易产生钩丝。花式纱线织服装面料，如圈圈线织服装面料，由于纱线本身结构的特点和服装面料结构特点，容易产生钩丝。

（6）色泽和色牢度

服装面料的色泽包括色彩和光泽两点，色泽和色牢度是服装外观审美的重要指标。服装面料的色泽受纤维原料、纱线结构、织物结构和染色及后整理工艺等多种因素的影响，此外，绒类服装面料的色泽还与光线的入射方向有关，在服装排料和裁剪中，应对此特别加以注意。

有色服装面料在穿用和保管中由于光、汗、摩擦、洗涤和熨烫等会发生褪色或变色现象。服装面料褪色或变色的程度，可用色牢度来表示。色牢度包括日晒牢度、水洗或皂洗牢度、干湿摩擦牢度、汗渍牢度、熨烫牢度和升华牢度等。上述各项牢度的评定方法都是在一定的光照条件下，比照标准的褪色和沾色样卡进行评级。除日晒牢度评级为 1～8 级外，其余按 1～5 级评定，1 级最差，8 级或 5 级最好。

色牢度对服装用服装面料而言是非常重要的，对于外衣而言，色牢度差主要影响服装的外观；对于内衣和婴幼儿服装而言，色牢度还关系到服装的安全卫生性能，这一点在选择服装和服装面料时需对此加以注意，服装面料的色牢度主要由其使用的染料和染色工艺决定。

（五）研究服装结构与设计工艺的关系

服装设计工艺包括了很多方面，不是将服装基本轮廓、样式设计出来就叫服装设计工艺，设计师要考虑到服装制作、裁剪、色彩搭配、装饰应用等多个方面。因此，服装设计师选择要合理选择服装设计工艺，以已经确定的服装结构为基础，使得二者有高度的契合度，才能有更完美的设计，保证设计质量，体现服装设计作品的价值。

1. 服装结构和服装设计工艺之间的关系

从表面上看，服装结构与服装设计工艺二者间并没有很多联系，可是事实上，二者是相辅相成的关系；因此，在开展服装设计工作时，一定要清楚服装结构与服装设计工艺之间的关系：第一，服装结构会支配着服装设计工艺的应用，就单纯一个服装而言，不管是设计师自行设计的服装，还是以服装厂制作流程为基点设计出的服装，都需要根据已经确定出的服装结构来选择服装设计工艺。例如，设计裤装的时候，设计师先要确定裤装的服装结构，而后再选择与处理相应的服装设计工艺；设计师设计上衣的时候，也要以已经确定的上衣结构，选择所要应用的服装设计工艺。在男装设计过程中，设计师要以男装基本服装结构为依据选择服装设计工艺；设计女装时设计师则要以女装结构为基础选择服装设计工艺。在服装行业迅速发展的背景下，服装设计工艺呈现出多元化发展趋势，同一种类别的服装设计工艺，如西服的上衣在服装结构上发生了很多变化，与之相对应的服装设计工艺，也要进行变化，因此，服装结构制约着设计师对服装设计工艺的选择。第二，良好的服装设计工艺能欧将服装结构展现出来。当服装成品展现在人们眼前的时候，才能将原本的服装结构展现在人们面前。所以，设计师要充分了解服装设计工艺和技术，更有效地把握住服装设计的各个环节，了解设计环节，进而提升服装设计工艺的合理性，设计过程中不断对作品进行修改、发现不足、再次修改，最终完成一件服装的设计，将完美的服装结构展示在人们面前。服装设计工艺通过合理的面料选择、确定适宜的颜色、选用适宜的装饰、从多个角度设计服装、满足服装结构要求，最终创造出完整的服装作品。

2. 服装设计工艺受到服装结构的影响

（1）影响服装设计工艺中的制作部分

服装结构是服装给人们的第一眼感受，可以直接体现出服装造型的特点。但是每种造型艺术，都需要搭配与之相契合的一种服装设计工艺，才能将服装设计的艺术性体现出来，当设计师通过一件服装传达某种设计理念的时候，还有着一定的文化分享的作用。服装结构不一样，对于服装设计工艺所产生的影响也不同，比如，休闲类型的服装，服装结构要流畅和简约，一般人们会穿着在休闲场所和运动场所。所以，它服装设计工艺要能体现出舒适度，设计师要尽量采用简约结构进行设计，因为要考虑到后期的制作环节，设计师设计的休闲类型服装时候要尽量减少琐碎细节和零散饰品，才能更好地体现出休闲类型服装大方和简洁的服装特点。

（2）影响服装设计工艺中的装饰部分

服装结构能够让人感受到衣服属于哪种类型，给人以直观的印象，服装设计工艺中的装饰部分能使得服装结构呈现不同的状态。例如，当设计师确定服装结构之后，在服装上装饰了一些编织元素，这些编织元素源于瑞昌竹编技艺，在服装设计中添加编织元素体现了人们对美好生活的追求，更是传统民族文化与现代文化的交流和融合。设计师将瑞昌竹编技艺由三维转变成二维并将其应用在服装新工艺中，符合现代人的审美需求和鉴赏力。融入瑞昌竹编后的服装设计更能体现服装设计新工艺中的“新”，“新”在其实用美、时尚美、形体美、感观美，两者的融合有利于服装设计新工艺的发展和服装设计工艺中装饰部分的创新发展。

二、服装结构制图概述

（一）服装结构制图的概念及作用

服装结构制图就是运用平面结构设计方法在纸上或面料上绘出服装结构线的过程，服装结构制图包括毛粉（毛缝）制图和净粉（净缝）制图。

1. 毛粉制图

服装结构制图最初是根据人体规格和款式特点，在布料上画出相应的轮廓线，然后沿轮廓线剪切成衣片，这种制图方法被称为毛粉裁剪或毛粉制图，毛粉制图轮廓线内包含了缝份与贴边。毛粉制图在我国沿用了若干年，随着服装生产向“成衣化”“规模化”发展，毛粉制图已经不能适应现代化的生产需要，于是在毛粉制图的基础上产生了净粉制图。

2. 净粉制图

所谓净粉制图，是指绘制出的衣片轮廓线内不包含缝份与贴边。这样做的目的是便于在衣片内做进一步的结构处理，如分割、加省、打褶、移位等。当完成服装结构设计之后，再在衣片的轮廓线外加放缝份和贴边等，使之成为服装生产加工用的样板。净粉制图的特点是造型严谨、变化灵活、各部位对位准确，能直观反映服装规格，是现代服装企业中广为采用的服装结构制图方法。

服装工业属于加工工业（又称复制工业），它把服装面料加工制作成服装产品。服装制作从现阶段讲，有两种形式：一是个体单件制作，二是批量生产。不论是个体单件制作或是批量生产，一般服装制作的顺序都要经过裁剪、缝纫、整烫三个大的环节。在每个制作环节中，又有不同的制作程序和要求。服装裁剪是服装制作过程中的三大环节之一，可以分为平面裁剪和立体裁剪两大类。现在人们所指的服装裁剪主要是指平面裁剪，就工业部门的服装裁剪来说，主要包括结构制图、排料画样、铺料、开刀裁剪、分包验片等多道工序。

服装结构制图是工业服装裁剪的首道工序，也是服装专业的一门主课。它是以立体的服装造型设计效果图或立体的服装实物成品为依据，在纸上或衣料上将其进行分解，展开成平面的服装衣片。这种制图方法一般被称为裁剪制图，按照制图的标准画线，把整幅的衣料剪成衣片。

服装结构制图是一项具有工程性、艺术性和技术性的工作。说它具有工程性，是因为服装结构制图（以及以制图为依据制成的裁剪样板）是指导服装裁剪等服装制作环节的主要生产制作标准，对服装批量生产而言，服装结构制图更是对整个服装生产制作过程的规格、质量有重要意义。因此，服装结构制图的制图依据、各部位的结构关系、定点画线和构成的衣片外形几何轮廓等，都必须是非常严谨、规范和准确的，需要达到工程性的要求。

说它具有艺术性，是因为服装的某些部位或部件形态、轮廓的确认，并不单以运算所得或数据推导而成，而要凭艺术的感觉、靠形象的美感确立这些形态和轮廓，例如，各类衣领的宽度和领角的造型、灯笼袖等衣袖的袖山高低和袖肥宽度等，以及裤管、裙摆的造型和分割衣缝的弧曲程度的设置等，全靠制图者的审美眼光和艺术修养，使之构成的形态和衣片轮廓能符合服装结构制图要具有艺术性的要求。

说它具有技术性，是因为在服装结构制图过程中，还要求制图者熟悉各类衣料的性能特点，掌握服装缝纫的工艺技巧，了解整件服装的流水生产全过程和各类专用机械设备的情况，有较全面的服装缝制生产技术知识。这样，在进行结构制图、衣片放缝或制作裁剪样板时，才能恰到好处，这就是服装结构制图技术性的要求。如能做到以上三点，制成的服装结构图不仅有利于服装的制作加工，还能达到服装造型设计所要求的预想效果。

（二）服装结构制图的基本要求与原理

1. 服装结构制图的基本要求

服装结构制图应该以清晰、整洁、准确为基本要求，具体表现在以下几点：

① 服装结构制图要运用通用的结构专业术语与制图符号。

② 服装结构制图一律采用公制，以“厘米”为单位，细小部位精确到小数点后一位。

③ 服装结构要保持图面整洁，制成线与辅助线要有明显区分，线条要流畅、尺寸要准确。

④ 服装结构制图时按照净板制图，分解样板后，再对每片裁片加放缝份。

2. 服装结构制图的原理

服装结构制图是将人体最大限度地概括成若干个平面，从而确定不同面积与形状的衣片。选择人体中主要的起伏点和转折线，是服装结构设计与服装结构制图的主要方法。“四开身结构”和“三开身结构”，是服装最基本的结构形式。所有服装款式几乎都是在这两种基本结构基础上衍生出来的。因此，设计师要熟练掌握这两种基本服装结构制图方法。

（三）服装结构制图的方法

1. 立体裁剪

立体裁剪是通过三维空间的概念，用面料直接在人体或人台上塑造服装，其特点是直观、便捷、易理解、易掌握。可以一边进行立体裁剪操作，一边进行修改，立体裁剪尤其适合被用于设计一些造型独特、立体感强的服装，而这些在服装平面结构制图中较难实现。

立体裁剪过程一般要经过准备阶段、造型阶段、修正阶段。

（1）准备阶段

首先，需要选择好服装结构制图的工具，立体裁剪的主要工具为人台，人台是按照国家号型标准制作的人体模型，内部填充可以用针直插入的软质材料。设计师进行服装结构制图需要的其他工具还包括针、针插、坯布、黏带等。其次，需要在人台上用黏带把主要结构先标记出来，如标记出胸围线、腰围线、臀围线、前后中线、肩线、领围线、袖窿线、前后公主线，还要制作出手臂模型。

（2）造型阶段

要用黏带先在人台上将重要的服装结构线标记出来，再将坯布按裁片大小加上余量的布片，然后用布片在人台上按照服装的标记线直接别样、裁剪。在人体凸起凹陷的地方，如胸部、腰部，将围度余量制成省或褶裥，宽松款式则直接放出余量。需要更多褶袖时，只需在准备的布片上多留余量，然后在人台上折叠或抽缩出褶型。

（3）修正阶段

在人台上别完服装样式后，将裁片取下，制成样衣，然后再穿着在人体或人台上观察样衣是否符合设计需求，如有不符之处可以在样衣上做好标记，然后拆开裁片进行修正，如果遇到余量过多的问题，一般可以直接修正。最后，修正样板，在服装用面料上进行裁剪，制成成品。

立体裁剪是一项艺术与技术相结合的产物，要求操作者有一定的艺术素养，又要有一定的操作技能。另外，立体裁剪过程较长，工作效率不高，需要投入的人力物力也较多，在大批量生产的成衣设计中使用较少，更适合于高级时装、定制礼服等服装的小批量生产中。

2．平面结构制图

平面结构制图是在纸或布料上绘制出服装结构样板，然后按照样板轮廓线剪成裁片，若在其上作图，还需按照裁片剪出布片，最后按照布片缝合制成成衣。目前，平面结构制图的方法主要分为比例法与原型法。

（1）比例法

比例法也被称为比例分配制图法，是我国传统的平面结构制图方法。是将人体主要部位尺寸（胸围、腰围、臀围）按一定的比例关系、公式推导来设计出服装平面结构部位尺寸的平面结构制图方法。如对于上衣的袖窿深、袖宽、袖山高等可以胸围为基数，按比例公式来推算，得出这些结构部位真正的尺寸；裤装的前、后横裆宽可以用臀围为基数，按比例公式计算而得出其真正的尺寸。比例法又包括三分法、六分法、八分法、十分法等多种形式。比例法具有低成本、高效率、直接的优点，并且不论型号规格、尺寸大小、体型胖瘦，都能按照这种比例关系进行平面结构制图，但平面结构制图中大部分尺寸都要通过运算得出，比较麻烦，并且准确性不高。

（2）原型法

原型法是以人体主要部位的净尺寸为依据，加上基本的松量，用比例分配法计算绘制的基本服装平面结构板型是对人体的归纳概括。原型法起源于日本并一直盛行于日本服装界，对世界各地的服装结构制图均有不同程度的影响。对于款式变化较多的服装，较之比例法，原型法操作更简单，适合初学者。

原型法主要有以下三个优点：

① 准确可靠。服装原型的各部位公式及数据是基于前人大量的调查、数据分析以及反复实践研究而确定的，符合人体的运动规律，有较好的准确性、可靠性。

② 省时易学。原型法是以原型样板为基础样板，在设计具体款式的平面结构制图时，大的部位参数变动少，如上衣的背长是固定的，而确定领口、肩部、胸围等尺寸只需依照原型样板尺寸，进行加量、收缩、分割等变化即可，原型法能够较大地提高工作效率。

③ 适应性广。原型可适用于各种季节、各式服装，适应面广泛。

原型法根据国家地域不同可分为日本式原型法、英式原型法、美式原型法。英式原型与美式原型都是基于英、美人体的特点制成，局部的结构比例与日式原型不同，如后裙片，日本式原型因亚洲人臀凸较低，后中线下落 1cm，而美式原型因美洲人臀凸高，后中线抬高 1.3cm。我国人体与日本人体相近，因此，我国采用的是日本式原型。

日本式原型法也有多种，其中文化式原型与登丽美式原型比较典型。文化式原型松量相对较大，更适合大众化标准；登丽美式原型尺寸则相对较小，其号型也分类较细。因此，在我国文化式原型应用更广泛，本书中也以文化式原型为基础。

目前，我国采用最普遍的原型是文化式原型，文化式原型适用的人群更为广泛，但也意味着个性不足。针对同一型号中局部体型不同，或是对服装合体度要求较高的人群，文化式原型所制作出的样板就不能完全满足这些个体需求，因此，以具有系统服装结构设计理论的原型法为基础，加人一定的比例法中的比例公式，能够使制图相对简单、易懂，又能满足个体体型需求。如上衣结构制图，可以根据服装实际需要的胸围为基础，按比例公式计算出袖窿深、胸围实际位置、背宽、胸宽等具体的尺寸，在原型上绘制新的结构位置。这样既能省去比例法每个款式都需要重新绘制的烦琐，也弥补了原型法不能完全满足个体需求的缺陷。

三、服装结构设计概述

（一）服装设计的工具

现代社会对服装的质量与更新速度的要求提高，要求服装结构制图也要准确、快速，多种多样的制图工具，能够帮助设计师提高制图效率。以下介绍服装结构设计制图中常用的工具，设计者可以根据个人习惯和需要来选择合适的制图工具。

1. 工作台

工作台是指进行服装结构制图、裁剪时使用的桌子。工作台不宜过小，一般长度为120cm以上，宽度在90cm以上，高度在80～85cm，能容纳整张全开普通绘图纸尺寸，并且台面要平坦、无拼接痕迹。

2. 纸张

服装结构制图中所用纸张包括牛皮纸、白卡纸、拷贝纸。牛皮纸有厚薄之分，学生练习可以选择价格较便宜的薄型牛皮纸；用于工业生产样板制作的牛皮纸都是柔韧性与耐磨性都较好的厚型牛皮纸；对于原型样板和一些常用板型制图，可以选择耐磨性好、质地厚实的白卡纸，它们的保存时间也较长；拷贝纸是在制图过程中，用来拷贝某些局部图形的，是一种辅助纸张。

3. 直尺

直尺顾名思义是绘制直线的尺，是服装结构制图中使用最频繁的工具之一。直尺有很多种类，包括普通直尺、丁字尺、三角尺、直角尺、放码尺等。根据材质又分为有机玻璃尺、不锈钢尺、木尺。普通直尺或丁字尺一般主要用来画直线，一般服装结构制图时通常需要一把长直尺一把稍短的直尺，稍短的直尺最好不短于50cm。三角尺、直角尺一般辅助画直角等有角度的线。放码尺有网格，除了放码时使用，设计师进行普通服装结构制图和放缝份时使用也非常方便，有的多功能放码尺还带有比例尺。

4. 曲线尺

曲线尺是用来画服装结构中曲线部分的工具，曲线是服装结构制图中比较难绘制的线形。针对服装部位的不同，要使用的曲线尺也不同，还有多功能的曲线尺，可以被用于绘制多种服装结构部位的曲线。

5. 软尺

软尺包括皮尺和自由曲线尺，皮尺是服装结构设计中最为常用的测量工具之一，一般用于测量人体、服装的尺寸，一般长度为150cm。自由曲线尺是可以自由弯曲的尺，一般其内芯为扁形金属条，外层为软塑料，表面有厘米刻度，可以用来测量人体曲线和服装结构制图中弧线长度。

6. 铅笔与划粉

铅笔是制图的基本工具之一，HB、B、2B是常用的铅笔型号。还有一种油蜡工业铅笔，笔芯是油蜡制成，通常有白色、黑色、红色、蓝色，可以被用于在面料上标出记号，如画扣位，在熨斗熨烫之后，画出的记号会遇热融化而消失。

划粉主要用于在面料上直接画样，传统划粉形状为扁平，边缘更薄，便于画出细线。现在是将划粉制成粉末装入一个类似心形容器中，心形尖角处为出粉口，通过滑动齿轮画出线迹，新型划粉比传统划粉更洁净方便，线迹更纤细。

7．剪刀

在服装结构制图过程中，剪刀有裁布和剪纸两种功能。裁布有专用剪刀，这类剪刀一般刀口锋利，不宜用来剪纸或其他材质，裁布剪刀规格统一，一般在24～28cm，设计师可以根据个人习惯选择合适的裁布剪刀。剪纸剪刀主要用于修剪样板，与普通的办公用剪相同。

8．其他辅助工具

① 打孔器，主要用于样板上打孔，可从采用普通办公用打孔器。

② 描线器，也被称为点线器，主要用于复制样板以及样板上的标识线。

③ 锥子，主要用于样板中间点的定位，如省尖、口袋等位置。

④ 对位器，用于在样板边缘做对位记号，保证服装制作的准确与便利。

⑤ 圆规，主要用于样板中标准圆形、弧形的绘制，确保样板的精确度，可直接使用一般办公用圆规。

⑥ 人台，半身或全身的人体模型，主要用于服装造型设计、立体裁剪、试样矫正。我国人台都是根据国家标准制作，型号多样，实际应用中常用的型号一般为84A或88A。

（二）服装结构设计的要素

服装结构作为服装设计中的重要组成部分，是指构成服装立体造型的框架。服装结构的平面表现形式是服装样板，服装结构设计是服装结构的扩展与延伸。服装结构设计的技术与数学关系紧密，它既需要数学的知识和数学的思维，更需要运用严谨的平面与立体的思维方法以及平面几何、立体几何、比例关系等常用的手段去整体考虑服装结构中面与面、线与线之间的相互关系以及服装成型后的立体形态。服装结构设计解决了使平面布料形成与人体曲面相似的立体曲面的技术问题。服装结构设计是一门技术，同时也是一门艺术。

服装结构设计除了要求具备扎实的结构知识外，还必须具备一定的艺术修养，从结构的角度思考设计，从设计的角度优化结构，这样才能相辅相成，使服装的外形和谐统一。进行服装结构设计，需要考虑设计因素、人体因素、素材因素以及缝制因素等。

1. 设计因素

服装结构设计应该与服装款式相对应，但是，在进行服装结构设计的过程中，不能单纯地进行服装结构图绘制，还必须考虑服装穿着到人体上的立体形态。服装结构设计是服装立体造型设计的平面展开图，因此，构成服装立体形态的造型及其构成线（缝合线、省道）是服装结构设计中最重要的因素，设计师设计不同款式的服装，其服装结构必然不同。

2. 人体因素

在进行服装结构设计时不但需要获得相关的人体数据信息，还需要考虑与人体相关的其他因素——号型因素、形态因素以及和人体运动部位相关的因素等。

号型因素中除了胸围、腰围等围长外，还包括背长和背肩宽等人体体表实际长度，这些数据都直接与纸样制图过程中的各部分尺寸相关联。此外，身高以及其他高度、厚度、宽度等项目不仅可以帮助我们了解人体的尺寸特征，也是掌握成衣对应的体型分类及其各体型分类中平均体型特征所需要的关键数据。

至于形态因素，可以通过从三维的人体形态上获得二维的正面图、侧面图等，生成平面展开图，并求得长度的量化数据或是根据激光计测获得三维数据（x，y，z），从中求得必要的信息。

在获取了人体的尺寸（号型因素）、体型的状态（形态因素）等信息后，就可以根据前面所提到的设计因素进行纸样制图。

3. 服装面料的物理性能因素

使用不同的服装面料制作相同款式的服装，所获得服装设计作品的立体感和松量构成的感觉是有差异的，褶裥和波浪褶的效果和分量感也不一样。应充分考虑服装面料所具有的物理性能，这在服装结构设计过程中十分重要。

在服装制作的服装面料的各种特性中，主要影响服装结构设计的因素包括其保型性、变形性、可塑性、厚度和重量等。当使用的布料较厚时，需要在纸样上的宽度和长度方向中追加厚度量；而在有褶裥或波浪褶服装的设计中，如果运用不同的面料且要保持相同的服装外形，对相对厚的面料，在处理纸样时需要加入的褶裥量相应减少。另外，喇叭裙在着装时服装的前面、后面、侧面沿重力方向（垂直方向）下垂的布料纱向不同，保型性差的布料会沿某一纱向方向伸长，产生波浪偏移，导致裙装底摆边缘不规整。因此，必须通过修改服装结构图，使其适合所使用布料的特性，从而实现理想的服装造型效果。

4. 缝制因素

服装结构设计的纸样通常会因服装缝制的方法不同而有所差异，如单件服装的缝制，在处理服装结构图时一般会预先加入吃缝量和归缩量。而对于批量生产的服装，多运用省道和接缝的结构形式来取代相应的吃缝量和归缩量。

四、服装结构制图与结构设计的关系

服装结构设计是指将款式造型设计的构思及形象思维形成的立体造型的服装转化为多片组合的平面结构图的工作，是研究服装结构的内涵及各部相互关系，兼备装饰与功能性的设计、分解与构成的规律和方法的服装专业理论，而计算与绘制这种平面结构图的技法即服装结构制图。

服装结构设计与服装结构制图是服装工业生产过程中的重要环节，是服装从款式造型到制作完成的方法，它们最终都以服装裁剪纸样的形式出现，是服装成型的物质基础，是达到实现服装造型设计意图、保证服装成品规格、保证服装质量准确性和统一性的具体依据，是服装工业化生产的必要手段。

从服装结构设计和服装结构制图两个名词的含义中可以看出，前者注重设计，强调创造性和开拓性；后者注重制作，强调动作性和工艺性。因此服装结构制图适用于人常规穿着的一般服装款式，其结构的合理性已经得到市场的证明和肯定。而服装结构设计面对的是新设计的服装款式和服装造型形象，这就要求设计师能够创造性地、科学合理地处理好服装造型和服装制作工艺的关系，并将新造型、新款式、新风格服装的立体形象在服装结构上全面、准确地表达出来。

服装结构设计是设计者才华、意识、风格的集中展现，每一款新颖的服装结构设计作品问世，都要取得公众的赏识，因此结构设计师必须全身心投入，要选配适合服装造型的面、辅料；要考虑服装穿着的功能性、舒适性和安全性。同时设计师还应具有经济头脑，争取以最小的投入、最低的成本获取最大的效益，还要考虑为服装制作提供方便，从而设计出便于批量生产、便于产品质量控制的作品。总之，拥有独特的构思，卓越的创意，熟练的技艺是获得服装结构设计成功的基础。

综上所述，服装结构设计与服装结构制图两者既相互联系，又各有独立的工作内容。面对新款服装设计图稿，要绘出服装结构图，必须先进行服装结构设计，当服装结构设计效果成熟稳定以后，再进行服装结构制图。服装结构设计是通过服装结构制图的形式表达的，服装结构设计是服装结构制图的延伸与升华，而服装结构制图是服装结构设计的基础。

第三节　服装结构设计符号和代号

一、服装结构设计的常用代号

服装纸样是对服装结构设计的实现与表达，为了便于设计师之间能够理解和交流，并使服装结构设计得到更好的发展，服装行业在服装部位名称、代号、制图符号和制图标准方面形成了统一的规范。在服装结构制图中，设计师往往会简化服装结构名称的书写，用英文首字母的组合代替，也便于记忆，这种规范成了国际通用的服装专业术语，即服装结构设计常用代号（见表 1-3-1）。

表 1-3-1　服装结构设计的常用代号

部位名称	代号
胸围	B
腰围	W
臀围	H
颈围	N
中腰围	MH
下胸围	UB
胸围线	BL
腰围线	WL
臀围线	HL
领围线	NL
中腰线	MHL
头围	HS
肩宽	SW
肘线	EL
膝围线	KL
前中线	CFL
后中线	CBL

续表

部位名称	代号
袖窿	AH
袖长	S
乳凸点	BP
肩点	SP
前颈点	FNP
后颈点	BNP
侧颈点	SNP

二、服装结构设计的常用符号

服装结构设计常用制图符号及其作用与意义见表 1–3–2。

表 1–3–2 服装常用制图符号及其作用与意义

名称	符号	作用与意义
辅助线	————	细实线，表示在完成样板过程中所作的各种辅助用线
制成线	━━━━	粗实线，表示成品样板的轮廓线或完成线
翻折线	- - - - - - - -	虚线，第一，表示裁片连裁不剪断，一般出现在前中线或后中线，连裁代表前中线或后中线无接缝；第二表示裁片需要按虚线翻折，一般出现在翻驳领、连裁企领等样板上
贴边线	-·-·-·-·-	点划线，出现在已经绘制好的样板的轮廓边缘，表示贴边的轮廓，例如，门襟、领口、袖窿等部位
等分线		表示将某一部分的线分成若干等份的符号
等量符号	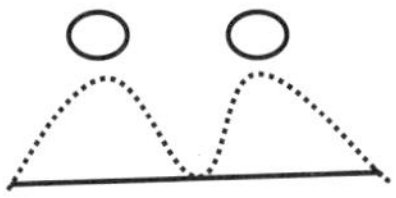	表示将某一部分的线分割后，每一份的长度相等
	○ △ ◎ □ □ ◇ ◇	几何符号，即标记了同一符号的线段，长度相等
经向符号	⟷	又称布丝方向，为双箭头长线，表示服装面料布纹的经纱方向

续表

名称	符号	作用与意义
切展符号	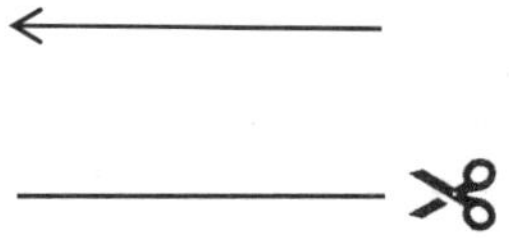	表示在要沿着线的方向进行剪切、展开。有两种符号表示，意义相同，上面一种表示向着箭头方向切展，下面一种表示从剪刀一边开始剪切
距离符号		可用于标识出裁片各部位长度距离的范围，并标注尺寸
明线符号	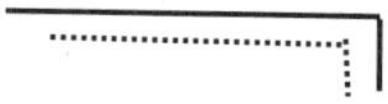	表示在缝制过程中，装饰性缝迹线的位置
眼位符号		表示服装扣眼的位置
孔位符号		裁片中的定位标记，如省尖点、口袋等定位

第四节　女装规格及参考尺寸

在服装结构设计中，获得服装规格和齐全的参考尺寸是至关重要的，它不仅对服装结构设计是不可缺少的，而且对纸样推挡（推出不同号型的系列样板）、品质检验和管理都是很重要的。女装规格和参考尺寸不同的国家和地区，其名称和规格尺寸使用方法都有所不同，但服装国际标准和规则的原则框架是一致的。我国服装规格和标准人体尺寸的研究一定程度上缺乏规范化和科学性，例如，国际化服装标准，只提供宏观的指导性规格和参考尺寸，不对服装制品的衣长，松量等制定标准。而我国存在服装类型标准，如西装标准、衬衫标准等，而且成品的造型数值也因标准被确定下来，如西装的松量为15cm等，这在很大程度上限制了设计师的手脚，影响了成衣的自主开发和生产。日本的服装标准模式很值得我们借鉴。日本标准机构每年都要修订一次工业规格（JIS），而且是采用最先进、最科学的测试手段和方法，因此，它在日本各行业中具有权威性，他们根据每年修订的工业标准，完善本行业的成衣规格。

我国同日本的民族习惯和人体的形体特征十分相似，在我国测量手段和方法还不十分完备的情况下，以日本的工业规格和标准尺寸作为我国服装规格的补充和参考是很有成效的。

一、我国女装规格及参考尺寸

我国最新女装号型标准基本上可以和国际标准接轨，现行规格不再对某个具体产品做出限定，而只是在设计、生产和选购服装时的依据，并以国际通用的净尺寸表示，更便于理解。号指人体的身高，是表示服装长度的参数；型指人体的胸围或腰围，是表示服装围度的参数。为了操作和计算的方便，我国新号型标准剔除了 5.3 系列，使号型标准更加规整。

（一）号型定义

号：是指人体的身高，以 cm 为单位，是设计和选购服装长短的依据。

型：人体的上身胸围或下身腰围，以厘米为单位，是设计和选购服装肥瘦的依据。

体型：以人体的胸围与腰围的差数为依据来划分的人体类型。体型划分为四类，代号分别为 Y、A、B、C，分别表示如下：Y 体型表示胸围与腰围的差值为 19～24cm；A 体型表示胸围与腰围的差值为 14～18cm；B 体型表示胸围与腰围的差值为 9～13cm；C 体型表示胸围与腰围的差值为 4～8cm。

（二）号型标志

号型表示方法为号与型之间用斜线分开，后接体型分类代号。例如，上装 160/84A，其中 160 代表号，84 代表型，A 代表体型分类；下装 160/68A，其中 160 代表号，68 代表型，A 代表体型分类。

（三）号型系列

号型系列是以各体型中间体为中心，向两边依次递增或递减组成的。其中，身高以 5cm 分挡组成系列，胸围以 4cm 分挡组成系列，腰围以 4cm、2cm 分挡组成系列。身高与腰围搭配分别组成 5.4、5.2 号型系列。表 1-4-1～表 1-4-4 是四种体型的号型系列表，例如，表 1-3，是 Y 体型的号型系列表，号从 145cm 开始，以 5cm 为一挡，至 180cm 共 8 挡。型即胸围或腰围，以 4cm 为一挡，胸围 72～100cm 共分 8 挡，腰围每一身高下有两组腰围数据，50～66cm 为一组，52～68cm 为一组，两组之间有 2cm 差值。

表 1-4-1　5.4 和 5.2Y 号型系列（单位：cm）

Y																
胸围	身高															
	145		150		155		160		165		170		175		180	
	腰围															
72	50	52	50	52	50	52	50	52								
76	54	56	54	56	54	56	54	56	54	56						
80	58	60	58	60	58	60	58	60	58	60	58	60				
84	62	64	62	64	62	64	62	64	62	64	62	64	62	64		
88	66	68	66	68	66	68	66	68	66	68	66	68	66	68	66	68
92			70	72	70	72	70	72	70	72	70	72	70	72	70	72
96					74	76	74	76	74	76	74	76	74	76	74	76
100							78	80	78	80	78	80	78	80	78	80

表 1-4-2　5.4 和 5.2A 号型系列（单位：cm）

A																								
胸围	身高																							
	145			150			155			160			165			170			175			180		
	腰围																							
72				54	56	58	54	56	58	54	56	58												
76	58	60	62	58	60	62	58	60	62	58	60	62	58	60	62									
80	62	64	66	62	64	66	62	64	66	62	64	66	62	64	66	62	64	66						
84	66	68	70	66	68	70	66	68	70	66	68	70	66	68	70	66	68	70	66	68	70			
88	70	72	74	70	72	74	70	72	74	70	72	74	70	72	74	70	72	74	70	72	74	70	72	74
92				74	76	78	74	76	78	74	76	78	74	76	78	74	76	78	74	76	78	74	76	78
96							78	80	82	78	80	82	78	80	82	78	80	82	78	80	82	78	80	82
100										82	84	86	82	84	86	82	84	86	82	84	86	82	84	86

表 1-4-3　5.4 和 5.2B 号型系列（单位：cm）

B																
胸围	身高															
	145		150		155		160		165		170		175		180	
	腰围															
68			56	58	56	58	56	58								
72	60	62	60	62	60	62	60	62	60	62						
76	64	66	64	66	64	66	64	66	64	66						
80	68	70	68	70	68	70	68	70	68	70	68	70				
84	72	74	72	74	72	74	72	74	72	74	72	74	72	74		
88	76	78	76	78	76	78	76	78	76	78	76	78	76	78	76	78
92	80	82	80	82	80	82	80	82	80	82	80	82	80	82	80	82
96			84	86	84	86	84	86	84	86	84	86	84	86	84	86
100					88	90	88	90	88	90	88	90	88	90	88	90
104							92	94	92	94	92	94	92	94	92	94
108									96	98	96	98	96	98	96	98

表 1-4-4　5.4 和 5.2C 号型系列（单位：cm）

C																
胸围	身高															
	145		150		155		160		165		170		175		180	
	腰围															
68	60	62	60	62	60	62										
72	64	66	64	66	64	66	64	66								
76	68	70	68	70	68	70	68	70								
80	72	74	72	74	72	74	72	74	72	74						
84	76	78	76	78	76	78	76	78	76	78	76	78				
88	80	82	80	82	80	82	80	82	80	82	80	82				
92	84	86	84	86	84	86	84	86	84	86	84	86	84	86		
96			88	90	88	90	88	90	88	90	88	90	88	90	88	90
100			92	94	92	94	92	94	92	94	92	94	92	94	92	94
104					96	98	96	98	96	98	96	98	96	98	96	98
108							100	102	100	102	100	102	100	102	100	102
112									104	106	104	106	104	106	104	106

（四）控制部位数值

控制部位数值是指人体主要部位的数值（净尺寸），是设计师设计服装规格的依据。表 1–4–5～表 1–4–8 是针对不同体型、不同身高的各部位的尺寸数据。例如，表 1–1–7 是 5.4 和 5.2Y 号型系列控制部位数值表，列出了十个主要部位的长度和围度。身高从 145cm 到 180cm 以 5cm 递增；颈椎点高以 4cm 递增；坐姿颈椎点高以 2cm 递增；全臂长以 1.5cm 递增；腰围高以 3cm 递增；胸围以 4cm 递增；颈围以 0.8cm 递增；总肩宽以 1cm 递增；每个身高内腰围分两挡，以 2cm 递增；每个身高内臀围分两挡，以 1.8cm 递增。

表 1–4–5　5.4 和 5.2Y 号型系列控制部位数值（单位：cm）

Y																
部位	数值															
身高	145		150		155		160		165		170		175		180	
颈椎点高	124.0		128.0		132.0		136.0		140.0		144.0		148.0		152.0	
坐姿颈椎点高	56.5		58.5		60.5		62.5		64.5		66.5		68.5		70.5	
全臂长	46.0		47.5		49.0		50.5		52.0		53.5		55.0		56.5	
腰围高	89.0		92.0		95.0		98.0		101.0		104.0		107.0		110.0	
胸围	72		76		80		84		88		92		96		100	
颈围	31.0		31.8		32.6		33.4		34.2		35.0		35.8		36.6	
总肩宽	37.0		38.0		39.0		40.0		41.0		42.0		43.0		44.0	
腰围	50	52	54	56	58	60	62	64	66	68	70	72	74	76	78	80
臀围	77.4	79.2	81.0	82.8	84.6	86.4	88.2	90.0	91.8	93.6	95.4	97.2	99.0	100.8	102.6	104.4

表 1-4-6　5.4 和 5.2A 号型系列控制部位数值（单位：cm）

A																								
部位	数值																							
身高	145			150			155			160			165			170			175			180		
颈椎点高	124.0			128.0			132.0			136.0			140.0			144.0			148.0			152.0		
坐姿颈椎点高	56.5			58.5			60.5			62.5			64.5			66.5			68.5			70.5		
全臂长	46.0			47.5			49.0			50.5			52.0			53.5			55.0			56.5		
腰围高	89.0			92.0			95.0			98.0			101.0			104.0			107.0			110.0		
胸围	72			76			80			84			88			92			96			100		
颈围	31.2			32.0			32.8			33.6			34.4			35.2			36.0			36.8		
总肩宽	36.4			37.4			38.4			39.4			40.4			41.4			42.4			43.4		
腰围	54	56	58	58	60	62	62	64	66	66	68	70	70	72	74	74	76	78	78	80	82	82	84	86
臀围	77.4	79.2	81.0	81.0	82.8	84.6	84.6	86.4	88.2	88.2	90.0	91.8	91.8	93.6	95.4	95.4	97.2	99.0	99.0	100.8	102.6	102.6	104.4	106.2

表 1–4–7　5.4 和 5.2B 号型系列控制部位数值（单位：cm）

B																						
部位	数值																					
身高	145			150			155			160		165			170			175			180	
颈椎点高	124.5			128.5			132.5			136.5		140.5			144.5			148.5			152.5	
坐姿颈椎点高	57			59			61			63		65			67			69			71	
全臂长	46			47.5			49			50.5		52			53.5			55			56.5	
腰围高	89			92			95			98		101			104			107			110	
胸围	68		72		76		80		84		88		92		96		100			104		108
颈围	30.6		31.4		32.2		33.0		33.8		34.6		35.4		36.2		37.0			37.8		38.6
总肩宽	34.8		35.8		36.8		37.8		38.8		39.8		40.8		41.8		42.8			43.8		44.8
腰围	56	58	60	62	64	66	68	70	72	74	76	78	80	82	84	86	88	90	92	94	96	98
臀围	78.4	80.0	81.6	83.2	84.8	86.4	88.0	89.6	91.2	92.8	94.4	96.0	97.6	99.2	100.8	102.4	104.0	105.6	107.2	108.8	110.4	112.0

表 1—4—8 5.4 和 5.2C 号型系列控制部位数值（单位：cm）

C

部位	数值							
身高	145	150	155	160	165	170	175	180
颈椎点高	124.5	128.5	132.5	136.5	140.5	144.5	148.5	152.5
坐姿颈椎点高	56.5	58.5	60.5	62.5	64.5	66.5	68.5	70.5
全臂长	46	47.5	49	50.5	52	53.5	55	56.5
腰围高	89	92	95	98	101	104	107	110

部位	数值											
胸围	68	72	76	80	84	88	92	96	100	104	108	112
颈围	30.8	31.6	32.4	33.2	34.0	34.8	35.2	36.4	37.2	38.0	38.8	39.6
总肩宽	34.2	35.2	36.2	37.2	38.2	39.2	40.2	41.2	42.2	43.2	44.2	45.2

部位	数值																							
腰围	60	62	64	66	68	70	72	74	76	78	80	82	84	86	88	90	92	94	96	98	100	102	104	406
臀围	78.4	80.0	81.6	83.2	84.8	86.4	88.0	89.6	91.2	92.8	94.4	96.0	97.6	99.2	100.8	102.4	104.0	105.6	107.2	108.8	110.4	112.0	113.6	115.2

（五）我国服装号型的不足

我国从 20 世纪七八十年代首次制定服装号型标准后，又对服装号型标准进行了数次更新，以指导服装工业生产标准向国际标准靠拢，但我国目前服装号型还存在一定不足。

① 缺少在结构设计中常用的重要参数，如背长、股上长等，需要进一步完善。

② 缺少动态体型的测量和研究，不能给服装运动的松量影响设计提供参考依据。

③ 体型的分类还不能满足市场需求，应该从多个角度进行划分，如同样高度下的肥瘦程度的划分等，以适应越来越细化的市场。

二、日本女装规格与参考尺寸

日本人与我国人的体型相近，设计师在进行服装结构设计时也可以参考日本的服装号型标准。

日本工业规格（JIS）中，成人女装规格表示为 S、M、L、LL、EL，身高种类表示为 P、R、T。P 表示矮小，是英文单词 Petit 的缩写；R 表示普通，是 Regular 的缩写；T 代表高，是 Tall 的缩写。体型标准表示为 A、Y、B，A 型为普通型，Y 型为偏瘦型，B 型为胖型。在 S 规格下，有两种类型，5YP 和 5AR，5 表示胸围挡，Y 表示偏瘦型，P 表示身高矮小（见表 1-4-9）。

表 1-4-9　日本成人女装规格和参考尺寸表（单位：cm）

规格			S		M			L		LL		EL
相当于 JIS			5YP	5AR		9YP	9AT	13AR	13BT	17AR	17BR	21BR
部位	围度尺寸	胸围	76		82			88		96		10468
		乳下围	68	68	72	72	72	77	80	83	84	92
		腰围	58	58	62	63	63	70	72	80	84	90
		中臀围	78	80	82	86	86	89	92	94	100	106
		臀围	82	86	86	90	90	94	98	98	102	108
		袖窿	35		37			38		40		41
		大臂围	24		26			28		30		32

续表

规格			S		M		L		LL		EL	
相当于 JIS			5YP	5AR	9YP	9AT	13AR	13BT	17AR	17BR		21BR
部位	围度尺寸	肘围	26		28		29		31		31	
		腕围	15		16		16		17		17	
		掌围	19		20		20		21		21	
		头围	54		56		56		57		57	
		颈围	35		36		38		39		41	
	长度尺寸	肩宽	38		39		40		41		41	
		背宽	34		36		38		40		41	
		胸宽	32		34		35		37		39	
		乳峰间距	16		17		18		19		20	
		身长	148	156	156	164	156	164	156		156	
		总长	127	134	134	142	134	142	135		135	
		背长	36.5	37.5	38	39.5	38	40	39		39	
		后身长	39	40	40.5	42	40.5	42.5	41.5		41.5	
		前身长	38	40	40.5	42	41	43.5	43		44.5	
		乳下度	24		25		27		28		29	
		腰长	17		18	19	18	19	18		19	
		股上长	25		26	27	27	28	28		30	
		股下长	63	68	68	72	68	72	68		67	
		袖长	50		52	54	53	54	54		53	
		肘长	28		29	30	29	30	29		29	
		膝长	53	56	56	60	56	60	56		56	
		体重	43	45	48	50	52	54	58	62	66	72

表 1-4-10 和表 1-4-11 分别为日本女装常用参考尺寸表和日本最新文化式女装参考尺寸表，与表 1-1-11 都是日本较为典型并且在我国得到广泛应用的尺寸参考表，部位较多，规格相对简单，适合中小型服装企业应用。通过以上尺寸表，可以看出日本女装规格的多样性、合理性和完善性。所有数据是根据人体测量尺寸的实际情况而得，而并无有档差的规律性，因此，在我国女装号型还不够完善的前提下，设计师可以参考日本的工业规格和一些常用尺寸表，使服装结构设计更加科学、准确。

表 1-4-10 日本女装常用参考尺寸表（单位：cm）

部位		规格				
		S	M	ML	L	LL
围度	胸围	76	82	88	94	100
	腰围	58	63	69	75	84
	臀围	84	88	94	98	102
	颈根围	36	37	39	39	41
	头围	55	56	57	58	59
	大臂围	24	26	28	28	30
	腕围	15	16	16	17	17
	掌围	19	20	20	21	21
长度	背长	36.5	37.5	38	38	39
	腰长	17	18	18	20	20
	全肩宽	38	39	40	40	40
	背宽	34	35	36	37	38
	胸宽	32	34	35	37	38
	全臂长	50	52	53	54	54
	股上长	25	26	27	28	29
	股下长	63	67	67	66	70
	身高	150	155	155	155	160
体重（kg）		45	50	55	63	68

表 1-4-11 日本最新文化式女装参考尺寸表（单位：cm）

部位		规格					
		S	M	ML	L	LL	EL
围度	胸围	78	82	88	94	100	106
	腰围	62～64	66～68	70～72	76～78	80～82	90～92
	中腰围	84	86	90	96	100	110
	臀围	88	90	94	98	102	112
	腕围	15	16	17	18	18	18
	头围	54	56	57	58	58	58
长度	背长	37	38	39	40	41	41
	腰长	18	20	21	21	21	22
	全臂长	48	52	53	54	55	56
	股上长	25	26	27	28	29	30
	股下长	60	65	68	68	70	70
	身长	148	154	158	160	162	164

第二章　女上装结构设计

本章分为六个部分介绍了女上装结构设计，分别为女装衣身原型；省道转移原理与方法；褶、裥结构设计；分割线结构设计；衣袋部件结构设计以及立体剪裁在女上装结构设计中的创新。

第一节　女装衣身原型

一、服装原型概述

（一）服装原型的概念

服装原型是指展示人体体表各部位形状的平面图形，也就是人体造型的平面体现，它构成了人体各部位比例关系的平面数据。而服装原型是在服装制板过程中设计出的人体最基本状态的基础纸样。[①]服装原型是研究服装与人体相互关系的依据，是服装设计中必须解决的问题。服装原型设计是服装结构设计的基础，如果对服装原型不了解，或者掌握得不够熟练，都会在一定程度上影响服装结构设计的准确性和规范性。

（二）服装原型的特点

服装原型的特点主要有如下几点：

1. 准确可靠

服装原型各部位数据和尺寸是通过大量的调查研究而确定的，它是前人根据人体的体型特点以及人体各部位在生活、工作中的各种运动规律，结合服装构成原理和工艺技术要求，采用数学运算方法，并经反复实践后研制出来的。由于应

① 顾朝晖．日本书化原型与东华原型的比较分析[J]．西安工程科技学院学报，2005，19（1）：28—32．

用了较科学的方法确定服装各部位的尺寸，所以服装原型裁剪法具有较高的准确性和可靠性，制作出来的服装也就比较合体，穿着舒适。

2. 简单易学

服装原型并不是服装裁剪图，而是裁剪用的基础样板。它是通过数学上的“条件分布”原理进行综合分析，合理归并及简化，然后确定各部位中的关键数据得出的。我们在绘制服装原型时，只要测量少量的数据，就可将其作为制作服装原型的依据。因此，只要掌握和应用服装原型的平衡、变化的原理，就可制作出各类服装样式。由此可见，服装原型是一门比较容易入门和掌握的裁剪技术。

3. 适应性广

因为前人在研制服装原型时，已经考虑了各类不同体型的需要，所以它能适应不同胖瘦体型的穿着。即使是体型异常的人，也只要稍加修正就能制作出特殊体型的服装原型。同时服装原型各部位之间的关系比较合理，耦合性较强，不管服装的样式变化多大，总能制作出合理适体的服装。服装原型还能适应各种不同的放松度，即使是跨季节的服装同样能裁剪得很得体。因此，服装原型能适应各种不同的体型和样式，而且能适应不同的季节和年龄。

4. 省时省力

服装原型是裁剪的基础样板，有了它在裁剪服装时就可省去许多计算步骤。只要按照款式的需要，应用加放、收缩、分割和添加等手段，就可以完成各种不同类型的服装样式裁剪。尤其对于工厂批量生产的服装而言，可按照国家号型标准制作出男、女、儿童等不同原型，并可长期使用。它能迅速而准确地绘制出各种款式样板，对提高服装业工作效率、增加服装品种具有一定的应用价值。

（三）服装原型结构构成的方法

1. 比例法

比例法就是运用特定的比例计算公式，以几何制图的方法绘制出服装结构图，再裁制试样衣，在人体上直接试穿，检验样衣是否与人体相应部位吻合、适体性如何的方法。对不吻合或适体性差的部位要进行必要的修正，并对照样衣，修改服装原型样板，形成最终的服装原型样板，即可以应用于服装（结构）样板设计的标准服装原型样板。

2. 立体法

立体法就是通过立体裁剪方法获得坯布样衣，再直接复制成服装原型样板。

其关键在于立体裁剪是以人台或真人为基础裁制的，若以真人立裁的，且操作技艺正确到位，则所获得的服装原型应该是准确无误的。然而在真人身上进行立裁，其操作技艺的难度可想而知，更何况让真人模特长时间保持适合立裁的人体姿态存在一定难度，因此真人立裁是不可行的。然而以人台立裁，用人台模拟真人体的仿真难度却更高，也就较难获得准确的服装原型。

二、原型的二次应用

在结构变化方面，原型裁剪借助平面几何原理创造了原型纸样分割、移位、展开、变形等方法。原型裁剪在制板中形成了一套变化灵活、形式多样、适应面广泛的结构变化理论，这正是原型裁剪的科学性所在。

服装制板必须将服装款式造型的设计意图很好地表达出来，并能体现出风格特征和美感，因此在原型裁剪中，从标准体原型向实际人体及具体款式过渡时，必须对具体风格与板型之间的关系做一定的分析研究。

原型只是标准体的基本状态，当其延伸到特定的款式时，需要对具体部位再加以充分调整。例如，当成品胸围增加或减少时，作为造型基础的前胸宽、后背宽、袖窿底宽、领宽、领深等部位都需要进行调整，这就需要严格按人体的变化规律确定准确调整量。这一调整方法是有规律可循的，服装结构设计是设计的一种延伸，有时正是裁剪的细节表达出了服装的特性，形成了服装的风格。

二次成型结构设计的方法，为原型提供了较好的制板构思条件。在纸样设计过程中除必须掌握原型制图变化的一般规律外，还要结合现代服装流行趋势、服装风格、服装面料、服装工艺等方面进行制板，才可能得到理想的服装造型。

三、女装衣身原型简介

原型是进行平面裁剪的基本图样，是表现人体外形的基础。人体上身由不规则曲面和体块组成，要把平面的布料制成立体的服装，先要把凹凸不平的各个部位制成平面图，这个平面图就是原型。

所谓原型是指各种实际变化应用之前的基本形式或形态，可以被应用于多个领域。对于服装结构设计来说．原型是指平面裁剪中所使用的基本纸样，即简单的、不带任何款式变化因素的服装纸样。

服装衣身原型的种类非常多，按照原型的不同内涵，可以将原型分为不同的类型。例如，按年龄和性别的不同分类，可以分为儿童衣身原型、成人女子衣身原型和成人男子衣身原型等；按服装种类的不同分类，可以分为外套用、西装用和大衣用等不同的原型；按松量构成的不同分类，可以分为紧身原型和半紧身原型；按制图方法的不同分类，可以分为胸度式作图法和短寸式作图法等；根据不同国家来分，可以分为英式女装原型、美式女装原型以及日本文化式女装原型等。在不同的原型中，文化式女装原型的影响最大、流传最广、使用最普遍，本书主要讲解的就是这种原型，下面对英式女装原型、美式女装原型和日本文化女装原型进行比较。

英式女装原型是按照服装种类划分的。大体分为适合套装（包括外套）设计的原型、适合贴身服装设计的原型和适合弹性面料设计的原型。美式女装原型是按年龄阶段划分的，大体分为两种：一种是青年型，主要用于发育较成熟的妇女；另一种是少女型，用于体型较小的女性。英式和美式女装原型从整体上看有一个共同特点：运用测量尺寸和定寸来进行推算。

日本文化式女装原型相对于英式和美式女装原型有以下几个特点：

① 文化式女装原型量体简单、测量部位少、准确率高。例如，衣身原型只需要知道胸围、背长两个部位的尺寸。

② 文化式女装原型制图过程简单、推算容易、便于掌握。

③ 文化式女装原型适应范围广，而且有较适合的松量。

④ 文化式女装原型适用于多种服装款式的变化，从内衣到外衣，从上装到下装都可以适应文化式女装原型。

四、女装衣身原型构成方法

衣身原型是以胸围净尺寸为基准进行绘制的，制作时要对衣身原型加放必要的松量，即呼吸量和人体活动量。

（一）衣身原型制图方法

1. 身原型

身原型是以净胸围为基准计算，在净胸围的基础上加 10cm 放松量和背长尺寸而作图设计的。可以利用它制作紧身的衬衣、西服、宽松的外套、大衣等各种类型的衣服。

身原型制图尺寸：净胸围（B）82cm，背长 38cm。

以 B/2+5cm 为长，以背长为宽制图顺序如下：① 后中心线；② 上平线；

③ 前中心线；④ 腰围线；⑤ 胸围线，距上平线 B/6+7cm；⑥ 背宽线，距后中心线 B/6+4.5cm；⑦ 胸宽线，距前中心线 B/6+3cm；⑧ 侧缝辅助线，胸围线中点向下作垂线；⑨ 后领宽，B/20+2.9cm；⑩ 后领深，后领宽 /3；⑪ 定后尖端点（SP）；⑫ 前放宽，后领宽 −0.2cm；⑬ 前领深，后领宽 +1cm；⑭ 前落肩线：距上平线 2/3 后领宽；⑮ 后袖笼凹势点；⑯ 前袖笼凹势点；⑰ 前领弧凹势点；⑱ 胸点线，前胸宽中点偏左 0.7cm 向下作垂线；⑲ 前后差，前领宽 /2，作出后片原型轮廓线；⑳ 定前颈侧点（SNP）；㉑ 定前肩端点（SP）；㉒ 定胸点（BP），作出前片原型轮廓线。

2. 袖原型

袖原型是根据身原型袖笼弧长及袖长而制成的一片袖，可以依据袖原型的变化做出各种各样的袖子。

袖原型制图步骤如下：① 袖山深线，作水平线；② 袖中线，垂直袖山深线；③ 截取袖山高，AH/4+2.5cm；④ 袖长线，由袖山顶点向下截取袖长；⑤ 前袖山坡线，前 AH；⑥ 后袖山坡线，后 AH+1cm；⑦ 袖肘线，距袖山顶点（袖长 /2+2.5cm），作出袖原型轮廓线。

3. 裙原型

裙原型是以净臀围、腰长、腰围和裙原型长为必需尺寸作图的，它是各种紧身和半紧身裙装造型变化的依据。

（1）量体尺寸

裙原型长 57cm，腰长 20cm，腰围 68cm，臀围 92cm。

（2）制图顺序

以膝长为长，以臀围 /2+2cm 为宽作长方形，制图操作具体流程如下：① 后中心线；② 腰围线；③ 前中心线；④ 膝长线；⑤ 臀围线，距腰围线等于腰长尺寸；⑥ 侧缝线，臀围线中点向后片一侧移 1cm 作垂线。

后腰围大取腰围 /4+0.5cm（缝缩份）−1cm（前后差），前腰大取腰围 /4+0.5cm（缝缩份）+1cm（前后差），把臀围与腰围之差的 2/3 作省份，按图作裙原型轮廓线。

（二）衣身原型制图要点

① 衣身原型的胸围是在人体净胸围的基础上加入 10cm 的松量，这是为了满足人呼吸和运动时胸部变化的基础放松量。1/2 胸围的计算公式为 B/2+5cm，背宽 B/6+4.5cm，胸宽 B/6+3cm。

② 衣身原型制图的步骤为先后身再前身，先上后下。

③ 衣身原型的必要尺寸为净胸围尺寸、背长尺寸、其他部位的尺寸（如背宽、胸宽、前后领宽、领深）都是根据净胸围的一定比例加上适当的定数计算出来的。

④ 前身肩线比后身肩线短 1.5cm，这是后肩省的大小。

⑤ 前身腰围线下放的部位是预留给胸省的位置。

上述方法制作的原型为正常体衣身原型。

五、女装衣身原型的补正

根据女性胸部隆起程度的相同，除正常体型外，常见的特殊体型有胸部发达和扁平两种。

（一）胸部发达者衣身原型补正

胸部发达者衣身原型的补正方法是从腰围线处剪开通向 BP 点的垂直线，同时在袖窿弧线上折叠出与胸高缝差加大程度相应的分量，并重新画顺袖窿弧线，胸部发达者的原型补正后，不仅胸省量增加了，而且侧缝差也自然加大了。侧缝差是为了满足胸省移位的需要而设置的，侧缝差加大与胸部发达者的省量较大是相适应的。

（二）胸平者衣身原型补正

胸平者的衣身原型补正与胸部发达者衣身原型补正相反，需减少胸省量。其减少的分量应在侧缝减除，减小使腰围保持相同尺寸。同时，胸平者一般体侧比较单薄，因此要改窄前胸宽，相应地适当加大背宽。因为胸平使胸省量减小，所以侧缝差也要相应减小。

第二节　省道转移原理与方法

省道是服装结构设计进行立体构成的重要手段，它解决了服装的浮起余量问题。省道结构设计的依据是人体表面展开图中出现的分离部分，在服装上，很多部位的结构都可以用省道的形式来表现。其中应用最多、变化最丰富的是女装衣身的省道，尤其是前衣身的省道，它以女性人体的 BP 点为中心，使服装更加平整得体，为满足人体胸部隆起、腰部内凹的特征而设置的省道能够体现人体胸腰的曲线。

一、省道的概念

所谓省道，是指为适合人体和服装造型需要，将一部分衣料缝去，以实现衣片曲面立体状态或者是消除衣片浮起余量的不平整部分。通俗地讲，衣身上的省道就是将平面的面料按一定的“三角形”缝制，形成与人体相符的立体造型。“三角形”的顶点对应人体的最突出点，“三角形”的两边即省缝边。

省道的造型特征由三个基本因素决定：

① 省缝大小：指省缝边夹角的大小。其角度越大，形成的凸起越明显。

② 省缝长度：指省缝边的长度。省缝边越长，形成凸起的范围就越广。

③ 省形：指省缝边的形状，不同的省形可以形成不同的省道造型特征。

二、省形成的原理

人体是个复杂的立体，为了使服装合体、美观，必须研究服装结构原理。在服装结构设计中，通常将平面的服装面料覆盖于人体曲面上，采用收省、打裥、抽褶等方法，以实现平面到立体的转换，而省道是使用最多的技术手段。

女装上衣款型的变化非常丰富，主要是指前、后衣结构的分割变化，为了使服装达到良好的立体合身效果，利用省道是在进行服装结构设计时最常用的方法。女装主要体现女性身体的曲线美，用平面布料包裹在人体上时，通常用收省来使之隆起形成锥面，收掉多余的部分，使之达到立体合身效果。除此之外，还可以用褶裥、布料的伸缩等来达到立体合身效果。在女装结构设计中，所有省尖指向 BP 的省都称为胸省。合体型女装结构设计中，对胸省的处理尤为重要。

三、省道的分类与作用

（一）省道的基本种类

1. 省道的线条部位名称

省道的线条部位名称如图 2-2-1 所示。

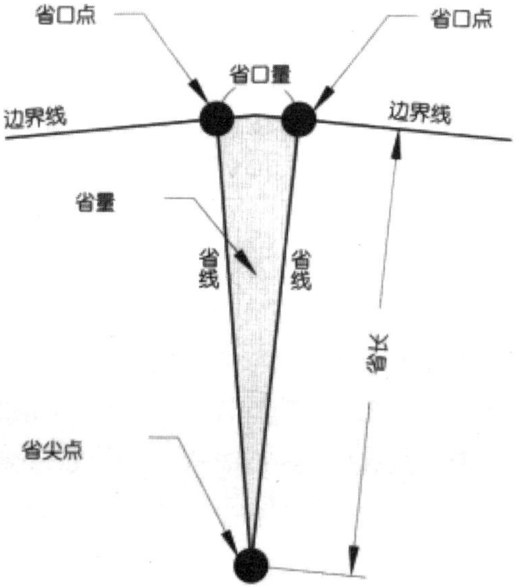

图 2-2-1　省道的线条部位示意图

2. 省道的基本种类

（1）按省道的形态分类

按省道的形态，省道分为锥形省、丁字省、弧形省、橄榄省、喇叭省、开花省、S 形省、折线省。

锥形省：省形类似锥形的省道，常被用于制作圆锥形曲面，如腰省、袖肘省等。

丁字省：省形类似“丁”字的省道，上部较平，下部呈尖形，常被用于表达肩部和胸部复杂形态的曲面，如肩省、领口省等。

弧形省：省形为弧形的省道，有从上部至下部均匀变小及上部较平、下部呈尖形等形态，也是一种兼备装饰功能的省道。

橄榄省：省形为两端尖、中间宽的省道，常被用于上装的腰省。

喇叭省：又叫胖形省，省形似喇叭，常被用于下装设计。

开花省：省道的一端为尖形，另一端为非固定形，或者两端都是非固定的开头花省。收省布料正面呈镂空状，是一种兼具装饰性与功能性的省道。

S 形省：省形似英文字母“S”，两端是尖形的。

折线省：构成省道的省边是折线形的。

（2）按照省道所在服装部位分类

肩省：省底边在肩缝部位的省道，分前、后肩省，前衣身的肩省是为了体现胸部隆起的形态；后衣身肩省是为了体现肩胛骨凸起的形态。

领省：省底边在领口部位的省道，主要作用是体现胸部和背部的隆起形态以及制作出符合颈部形态的衣领设计，它具有隐蔽的优点。

袖窿省：省底边在袖窿部位的省道，分前、后袖窿省，前衣身的袖窿省体现胸部形态，后衣身的袖窿省体现背部形态，常被制作成锥形。

侧缝省：省底边在衣身侧缝线上。

腰省：省底边在腰节部位的省道，常被制作成锥形。

门襟省：省底边在前中线上，由于省道较短，常被抽褶形式取代。

（二）省道的作用

从服装结构上考虑，省道主要有以下三个基本作用：

① 省尖部位能形成锥面形态（经熨烫处理即变成柔和球面），使之更符合人体表面，如肩省、领省等。

② 能调节省尖所在部位和省底边所在部位的围度差值，如西裤的后腰省就起到调节腰臀差的作用。

③ 通过省道设置，有利于使服装结构之间实现连通，如设置胸腰省有助于上下身局部连通。

四、省道转移原理

省道的位置是可以变化的，在同一衣片上，省道的位置从一个地方移至另一处，不影响服装尺寸及适体性。这里所说的位置主要是身体凸起部位，如胸凸，肩胛凸、腹凸、臀凸、肘凸等，上衣结构设计的关键在于对胸凸的处理。

因为胸凸主要集中在胸高点上，以凸点为圆心，向四周 360° 范围内引起无数条射线均可设计省。所以，胸省可以相互转移，但是得到的服装立体效果仍是完全相同的，所处不同位置的省可根据其位置命名，但其实质都是对服装的胸部进行造型，胸省的变化能给女装设计创造一个无穷大的款式库。

理论上的胸省及其转移必须通过胸高点，而在实际运用中，省尖点指向 BP 但不应到达 BP，需距离 3cm 左右以求美观，适合胸部的真正状态（类似球面而非锥面）。

五、省道转移的原则

省道的转移设计是遵照凸点射线的形式法则进行的，根据造型需要，一个省道通过转移可以分散成若干个小省道，也可以将一个方向的省道转移为另外一个方向的省道。因此，在运用原型进行纸样的省道转移时，应该要注意几个原则：

① 省道转移后，新省道的长度和原省道的长度不同。这是因为 BP 不是位于前衣片的中心点，但是省道的角度不变，即每一方位的省道张角必须相等。但是因为服装面料具有很强的可塑性，所以实际收省角度比计算角度小，并且随着服装贴体程度的不同，收省量也随之不同，其收省的角度不变。

② 如果新省道与原省道的位置不相连时，应尽量通过 BP 点的辅助线使二者相连，便于省道的转移。

③ 无论服装款式造型怎样，省道转移都要保证服装的整体平衡。一定要使前、后衣片的纸样在腰节线处保持在同一水平线上，否则将会影响制成样板的整体平衡和尺寸的准确性。在将样板覆于面料上剪切时，要考虑到省道转移对织物经纬向的要求。

六、省道设计

（一）省道个数、形态、部位的设计

根据省道的分类可以知道，省道可以根据人体曲面的需要围绕 BP 或者肩胛凸进行多方位的省道设计。设计省道时，省道形式可以是单个集中的，也可以是多方位分散的；可以是直线形，也可以是曲线形、弧线形。

单个集中的省道由于省道缝去量大，往往形成尖点，影响外观造型；多方位的省道由于各方位缝去量小，使省尖造型较为平缓，更加美观。但在实际应用中，还需要根据服装造型以及用于服装制作的织物特性设计省道个数。

从理论上说，不同部位的省道能起到同样的合体效果，但实际上不同部位的省道影响着服装外观造型形态，这取决于不同的体形和不同的服装面料。如肩省更适合用于胸围较大的体形，而胸省则更适合用于胸部较扁平的体形。

（二）省道量的设计

省道量的设计时是以人体各截面的围度量的差值为依据的，比如，腰省就是

以人体胸围和腰围的差值为设计依据的。围度差值越大，人体曲面形成的角度越大，二维面料覆盖于人体时产生的余褶就越多，省道量越大。

（三）省端点的设计

省端点一般与人体隆起部位相吻合，但人体曲面变化是平缓的，而不是突变的，故在实际设计中，省端点只能对准某一曲率变化大的部位，而不能完全缝制到曲率变化最大点上。

（四）省道的形式

根据服装造型的需要，衣身的省缝可以有两种形式：

① 衣身省尖点对准人体隆起部位，这种省道形式使浮起余量全部或者大部分转移到省道中，多用于合身贴体类服装的服装结构设计。

② 衣身省尖不对准人体隆起部位，省道位置与人体曲面变化不相吻合，所以这种形式的省道只能转移、接收少量的浮起余量（一般前衣身浮起余量小于等于1.5cm，后衣身浮起余量小于等于0.7cm），否则就会产生第二个中心点，这种省道设计多用于适体宽松类服装的服装结构设计。

七、省道转移设计变化

省道的各种变化设计是服装结构设计的主要方法，它们可以消除平面的面料覆盖在三维人体曲面上所产生的褶皱、重叠等现象，实现服装的平服、美观。省道的变化包括省道转移、褶的设计、分割线设计等。

（一）省道转移方法

所谓的省道转移就是指一个省道可以被转移到同一衣片上的任何其他部位，而不影响服装的尺寸和适体性。尽管前衣身所有的省道在服装制作时很少被缝至胸高点，但是在进行省道转移设计时，所有的省道线应尽可能到达胸高点。

省道的转移方法主要有下面三种：

1. 量取法

把前后侧缝线差的量作为省道的量，用该量在腋下任意部位截取，省尖对准BP点（见图2-2-2），作图时要注意省边要等长。

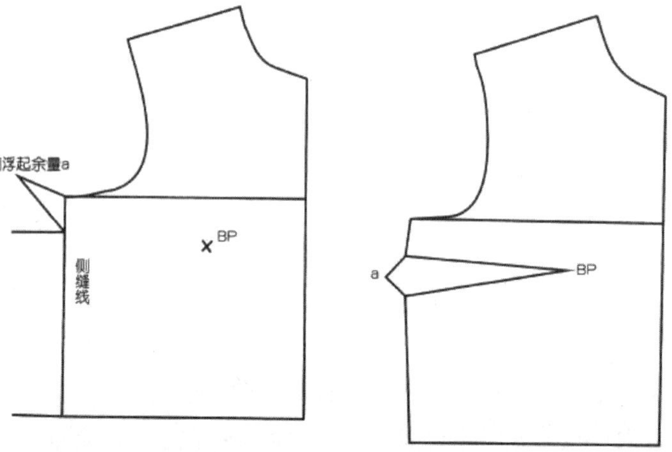

图 2–2–2　量取法

2. 旋转法

以省端点为旋转中心，以其中一个省边线为不动边，另一省边线为动边，让衣身旋转一个省角的量，将省道转移到新省位处，省道总张角大小不变。(图2–2–3 中 AA’为新省位)。

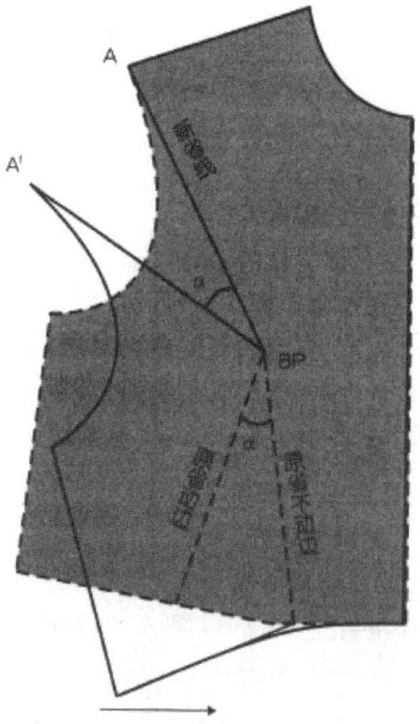

图 2–2–3　旋转法

3. 剪开法

在纸样上确定新的省道位置，然后在新的省位处剪开，将原省道的两省边重叠使剪开的部位张开，张开量的多少即是新省道的量。新省道的剪开形式可以是直线的，也可以是曲线的，可以是一次剪开，也可以分多次剪开（见图 2-2-4）。

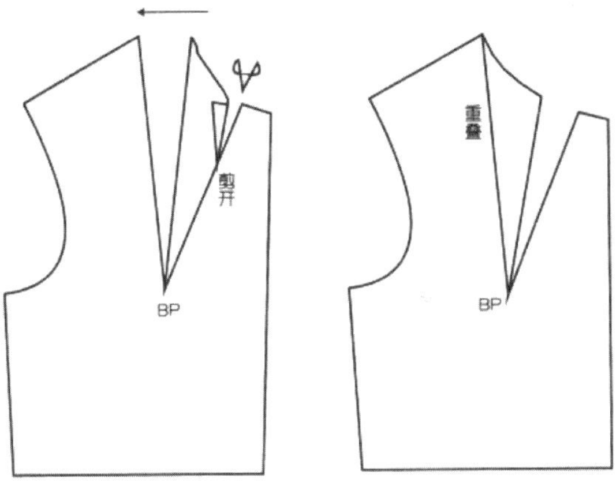

图 2-2-4　剪开法

（二）省道转移变化设计

省道的各种变化设计主要应用于女装，本书将以第六代日本文化式女装衣身原型为衣身转省原型模板进行省道转移设计，介绍女装结构设计的基础。其他原型的转省原理、方法同第六代文化式原型是一样的。

1. 单省转移

指单个省道的集中转移，例如，运用省道转移方法，将原型的前腰省全部或者部分转移至新的位置，形成一个新省道。如图 2-2-5、图 2-2-6 所示。

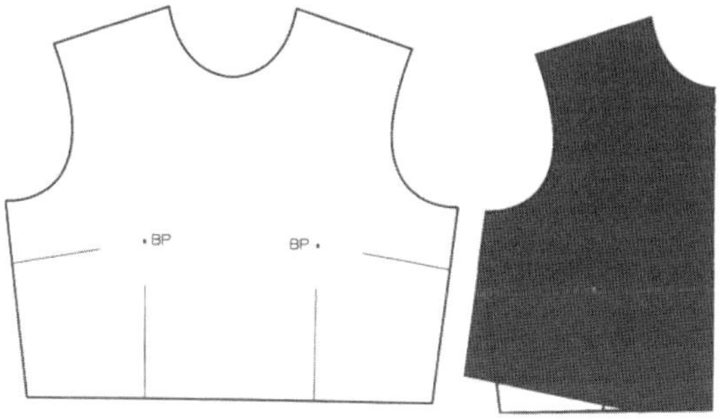

图 2-2-5　单省转移设计（一）

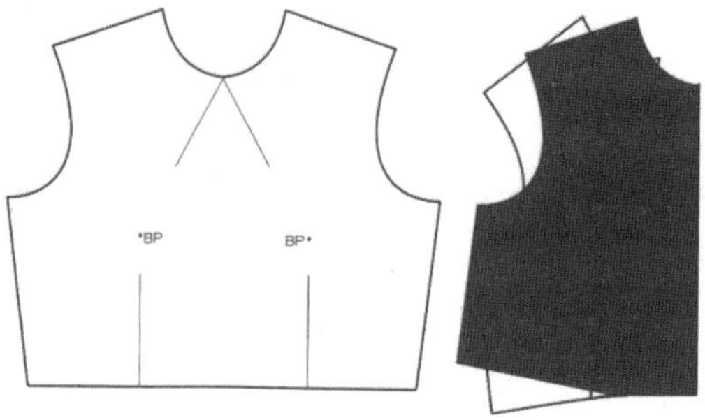

图 2-2-6　单省转移设计（二）

① 在女装衣身原型上作出新省道。

② 折叠原省道，并将其全部或者部分转移到新省道上。

③ 确定省尖点，修正新省道，使省道两边等长。

2. 多省转移

运用省道转移方法，将原型衣身上的若干个省道分别转移至若干个新省位置（见图 2-2-7、图 2-2-8）。

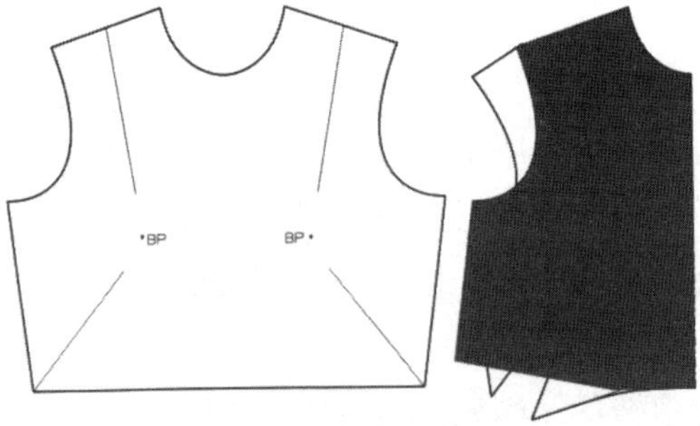

图 2-2-7　多省转移设计（一）

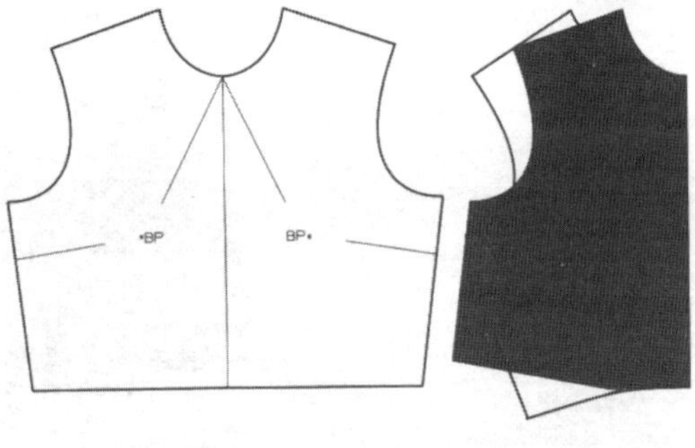

图 2-2-8　多省转移设计（二）

① 为了便于新省位的确定，当原省位妨碍新省位的确定时，要将原省位转移为临时省位，临时省位的确定原则是只要不妨碍新省位的确定即可。

② 在形成临时省位的原型上作新省位线，并设法使新省位线都与 BP 点相连接。

③ 折叠临时省道，并将其转移到若干个新省道上。

④ 修正新省道，使省道两边等长。

3. 不对称省转移

以前中线为中心线的衣身左右两边的最终省道形状如果不对称，在进行省道转移时，要求对整片衣身进行综合考虑，如图 2–2–9 所示。

图 2–2–9　不对称省转移设计

① 根据款式特征，分析新省位线确定的先后顺序。

② 按款式要求，在女装衣身全身原型上作出新省位线，并设法使新省位线都与 BP 连接。

③ 分别折叠左右身原省道，按一定先后次序把省道转移到若干新省位线或分割上。

④ 修正新省道。

（三）省道转移的实际应用

上面讲述的不管是单省转移还是不对称省转移，都是把胸腰间的浮起余量全部处理掉，即把前身的腰省用尽。这种设计即贴身设计，在理论上是可行的。然而，在实际应用中为了适应人们的生活环境、活动范围和审美习惯等多方面的要求，往往前腰省的转移用量只会用去全省的一部分，甚至没有转移量。即使是贴身设计的款式，也习惯于对前腰省进行分解，这样能使造型更加适体丰满。因此，在实际运用原型进行省道转移时，主要有前腰全省的部分转移、前腰全省分解转移以及无省设计三种方法。

1. 前腰全省的部分转移

将部分省量转移至腰省位置以外的任何位置，剩余部分含在腰围线中成为放松量（见图 2−2−10）。这意味着转移出去的省量越多，服装款式就越贴身。

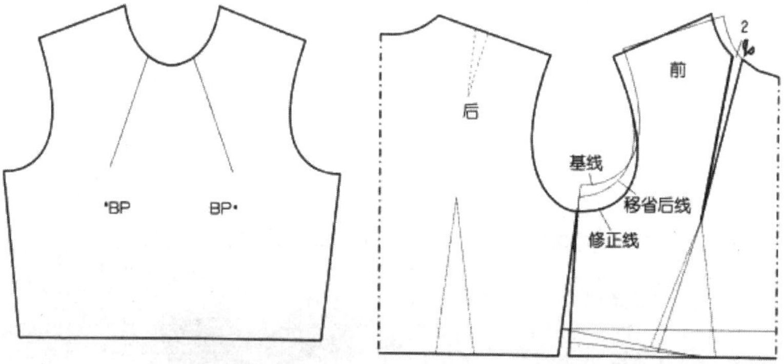

图 2−2−10　部分腰全省转为领省，余下腰省忽略不计

一般部分省量转移以前衣片弯曲的腰线转移成水平线为准，即以把乳凸量转移出去为准。如图 2−2−11 所示，前腰全省中的乳凸量转移至袖窿，将胸腰差值忽略成腰围放松量，把原型的前腰位线变为水平线。

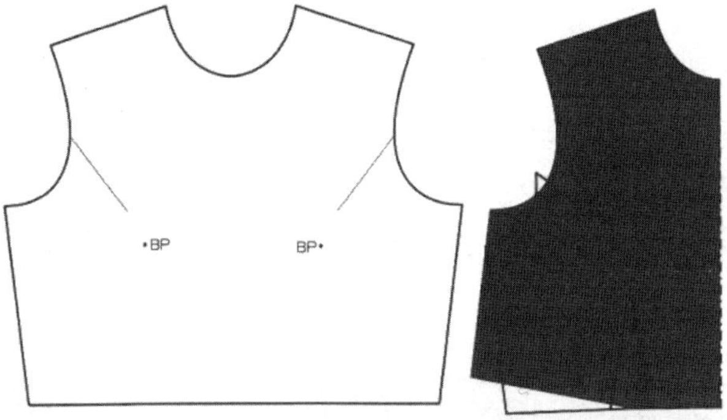

图 2−2−11　前腰全省的部分转移

2. 前腰全省分解转移

此方法类似于上面讲过的多省转移，最简单的前腰全省分解转移，是把腰全省分解成两个省，并转移至其他部位。只要分解形成的新省张角总和不超过原来的腰全省，从理论上来说这种转移就是合理的。前腰全省分解转移具有很大的灵活性和应用范围，以下作者将通过两个图例说明前腰全省转移（图 2−2−12、图 2−2−13）。

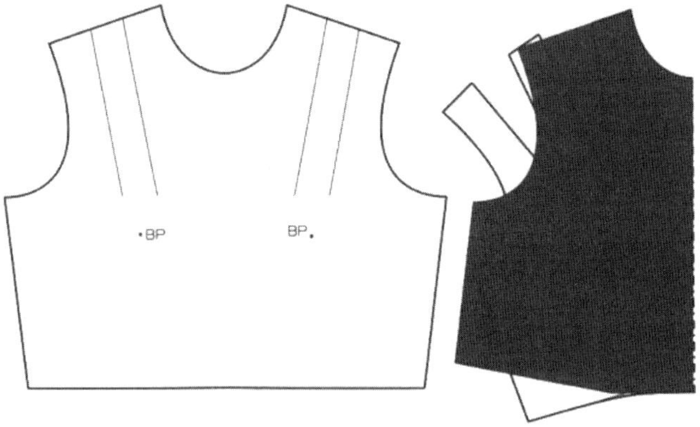

图 2–2–12　前腰全省转为两个平行的前肩省

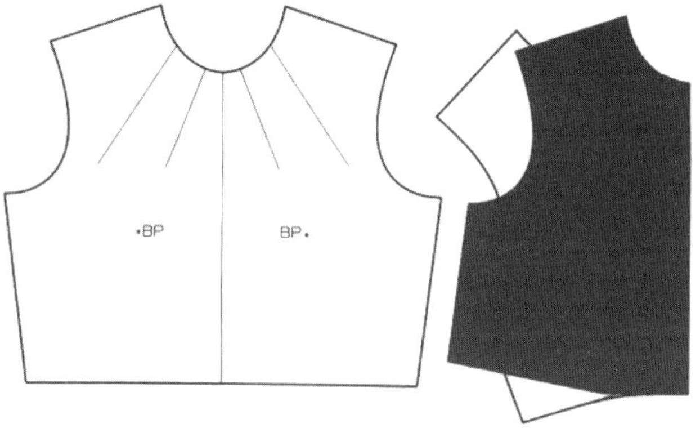

图 2–2–13　前腰全省转为两个发散的前领省

3. 无省设计

梯形原型纸样的前后片腰线并不在一条水平线上，前片腰线中部多出了乳凸量部分，处理掉乳凸量以后，前后腰线才能呈水平状态，前后片的侧缝线才能对齐。乳凸量不代表腰全省，它只是全省的一部分，对于腰全省来说，当转移的省量大于乳凸量时，就不会出现前后片腰位线和侧缝线错位的情况；当转移的省量小于乳凸量时，前后腰位线和侧缝线会出现错位。出现错位情况时，原则上要把后腰位线与前衣片最低的腰位线取平，使剩余的乳凸量仍然归于胸部，即要保留客观存在的乳凸量。故对于无省设计的服装，如出现前后侧缝线错位的情况，进行服装结构设计时，应以后衣片侧缝线为准，开深并修顺前衣片袖窿弧线，从而实现无生设计的对位如图 2–2–14 所示。

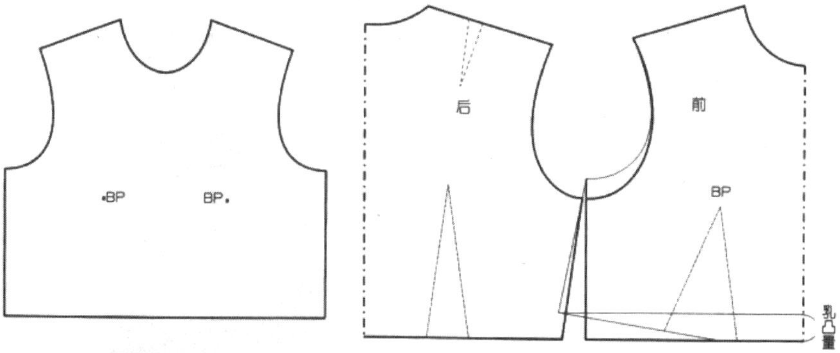

图 2-2-14　无省设计的对位

由此可以总结出规律：从理论上讲，当衣身转移的省量大于乳凸量，小于前腰全省省量时，前后腰位线的侧缝线对位能保持平衡，服装为贴身或半贴身设计；当转移的省量小于乳凸量时，应以前衣身最低腰位线为准，去掉袖窿处错位的部分，加深前袖窿。转移的省量越小，服装越宽松，袖窿开得越大，这是该服装结构变化的必然规律。

但在无省设计的前后对位实际应用时由于造型的需要，往往会较为保守的使用乳凸量转移设计，否则会使胸部造型不丰满。在进行乳凸量转移时，无论前腰线剩余乳凸量有多少，后腰线都要以剩余乳凸量的一半作为前后衣片实际腰位线的对位标准。这种规律特别适用于无省的服装结构设计，如图 2-2-15 所示。

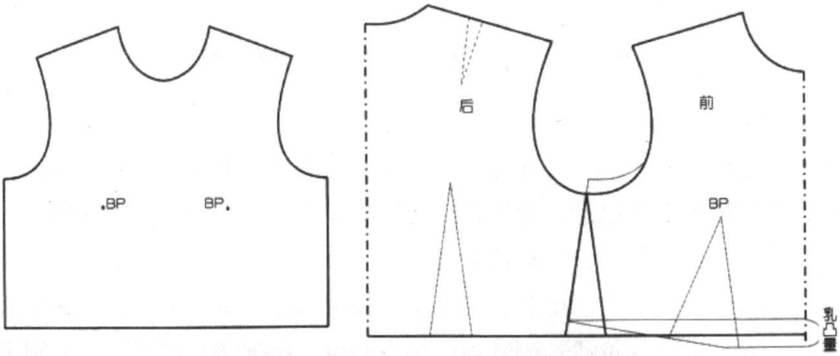

图 2-2-15　无省设计前后对位的实际应用

总之，对于前衣片结构设计来说，不论是哪一种省道转移，转移支点都不能脱离 BP 点（只有乳凸量以外的一部分省量有机会脱离 BP 点）。

第三节　褶、裥结构设计

一、褶、裥的概念

褶与裥都是由织物收缩或折叠而形成的印痕，但在细节上的表现有所不同。

① 褶：又称细褶，细褶表现为无规律的印痕，形似皱纹，成群而分布集中，无明显的倒向。

② 裥：又称折裥，折裥表现为有规律的印痕，形似线，分布有一定的规则，有明显的倒向。

③ 褶、裥的展开量不收缩或折叠就形成了波浪，一般出现在底摆部位。

二、褶、裥的作用

① 产生特殊的肌理效果。

② 既能满足人体球面形态的要求，又能形成各种宽松形态的服装造型。

③ 调节褶裥边界线的长度值，扩大其邻近部位的松量。

④ 形成褶裥形的波浪。

三、褶、裥的分类

（一）褶的分类

抽褶是由许多非常细小的褶皱组合而成、是由省道转变而来的，但抽褶形成要比省缝形式宽松、自如、活泼。

1. 按抽褶的方向

按抽褶的方向，抽褶可以分为水平抽褶和垂直抽褶，抽褶一般在指定的部位出现，如上衣下摆、领口等用垂直褶，衣身的垂直分割线处用水平褶。

2. 按抽褶的作用

按抽褶的作用，抽褶可以分为功能性抽褶和装饰性抽褶。当抽褶量替代省量时为合体功能性抽褶；否则为装饰性抽褶。

3. 按抽褶的外观形态

按抽褶的外观形态，抽褶可以分为连续性抽褶和非连续性抽褶。将分割线贯穿衣身某部位时形成的抽褶称为连续抽褶；将分割线在某部位突然中断而形成的抽褶称为非连续抽褶，此外，抽褶还可按抽褶量的大小进行分类。

服装抽褶量的大小，抽褶部位及抽褶后控制的尺寸量是由服装款式造型和服装面料的特性决定的。

（二）裥的分类

折裥一般由三层面料组成——外层、中层和里层，外层是折裥在衣片上外露的部分，折裥的两条折边分别被称为明折边和暗折边，一个折裥可以由三层同样大小的面料组成，也可以由外层与中层、里层不同量的面料组成，前者是深折裥，后者是浅折裥。折裥的表现形式比省道更轻松，能消除省给人的刻板感觉。

1. 按形成折裥的线条分类

（1）直线裥

直线裥两端的折叠量相同，其外观形成一条条平行的直线。直线裥常被设计师用于衣身、裙片的设计。

（2）曲线裥

曲线裥即折裥所折叠的量自上而下渐渐变化，在外观上形成一条条连续渐变的弧线。这种折裥合体性好，常被设计师用于衣身、裙片的设计，它能够贴合人体胸部与腰部、腰部与臀部之间变化的曲线，但缝制、熨烫工艺比较复杂。

（3）斜线裥

斜线裥就是折裥两端折叠量不同，但变化均匀，外观形成一条条互不平行的直线，常用于裙片的设计。

2. 按形成折裥的外观形态分类

（1）顺裥

顺裥是指向同一方向折叠的折裥，既可向左折倒，也可向右折倒。

（2）阳裥

阳裥又称为箱形裥，是指同时相对朝外折叠、裥底在上的折裥。

（3）阴裥

阴裥是指同时相对朝内折叠、袖底在下的折裥。

（4）风琴裥

风琴裥的面料之间没有折叠，只是通过熨烫定型形成了折裥效果。

四、褶、裥结构的展开方法

第一，褶、裥平移展开（见图 2–3–1）。

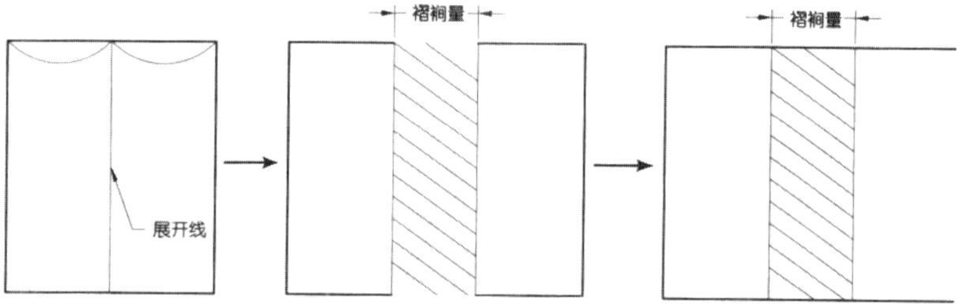

图 2–3–1　褶、裥平移展开示意图

第二，褶、裥旋转展开（见图 2–3–2）。

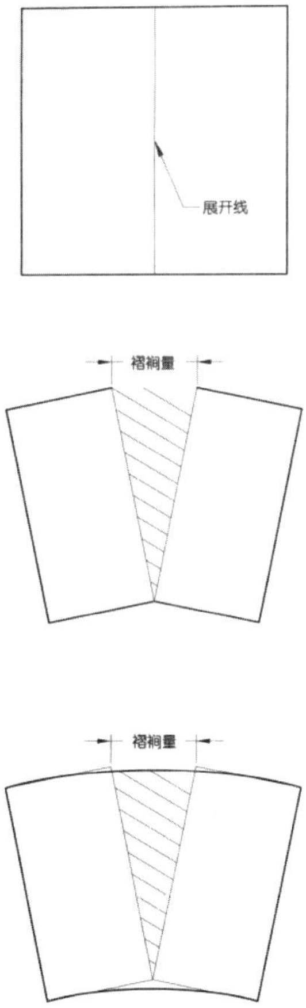

图 2–3–2　褶、裥旋转展开示意图

第三，褶、裥平移 + 旋转展开（见图 2–3–3）。

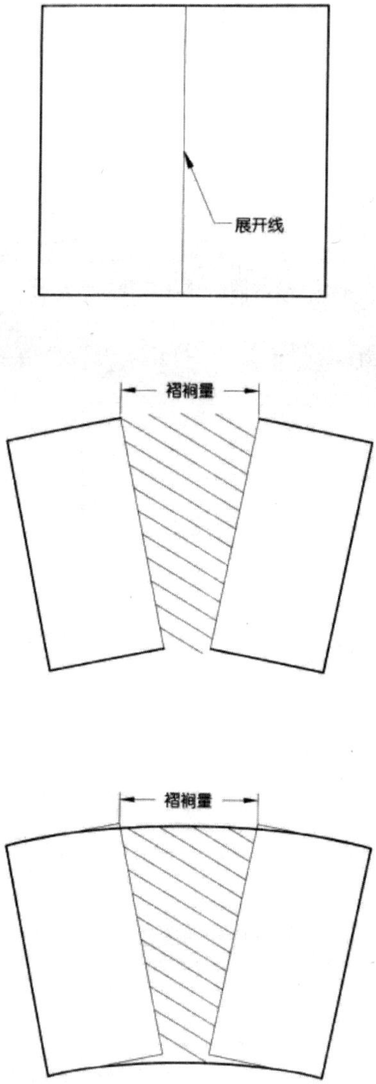

图 2–3–3　褶、裥平移 + 旋转展开示意图

五、褶、裥边界线的构成方法

（一）褶边界线的构成方法

第一，褶直形边界线操作示意图（见图 2–3–4）。

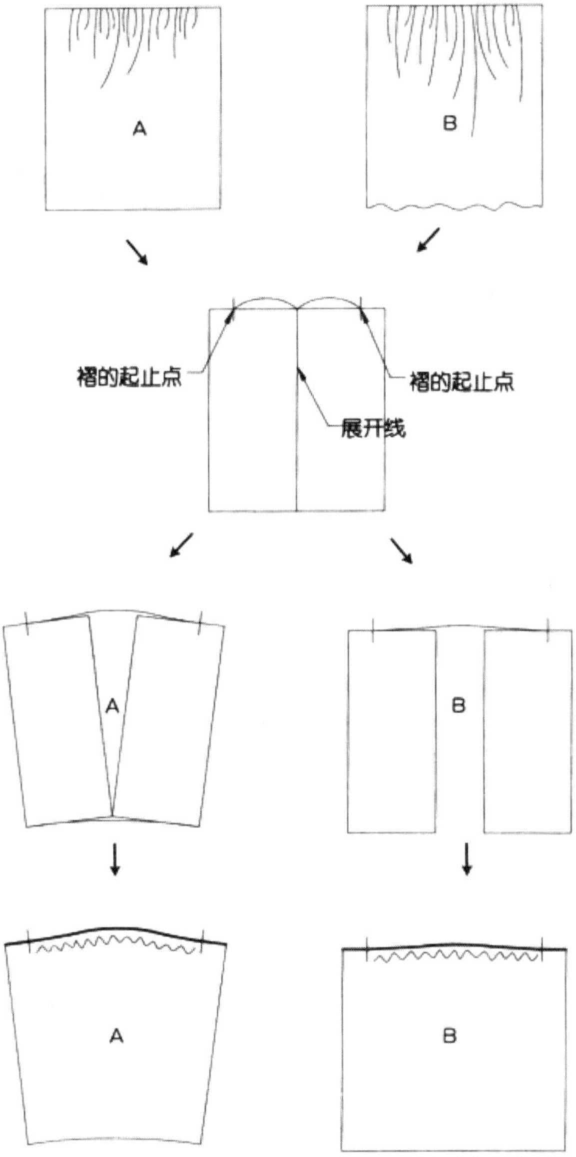

图 2–3–4　褶直形边界线操作示意图

第二，褶斜形边界线操作示意图（见图 2–3–5）。

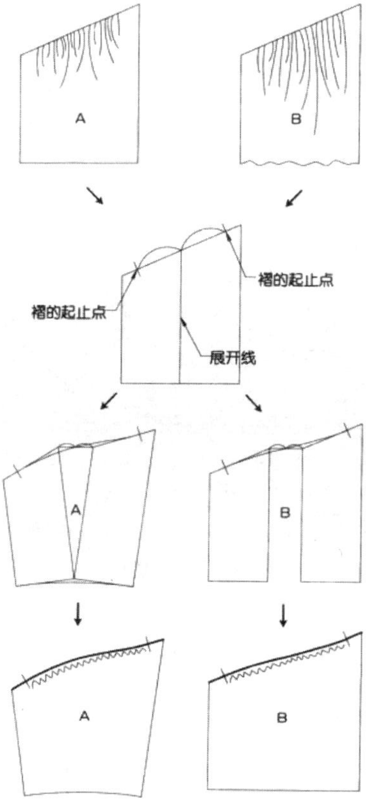

图 2–3–5　褶斜形边界线操作示意图

（二）裥斜向边界线的构成方法

第一，裥向右、左侧折叠操作示意图（见图 2–3–6、图 2–3–7）。

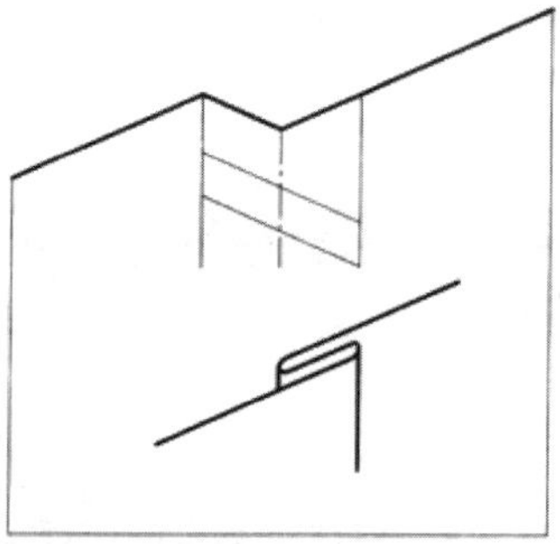

图 2–3–6　裥向右侧折叠操作示意图

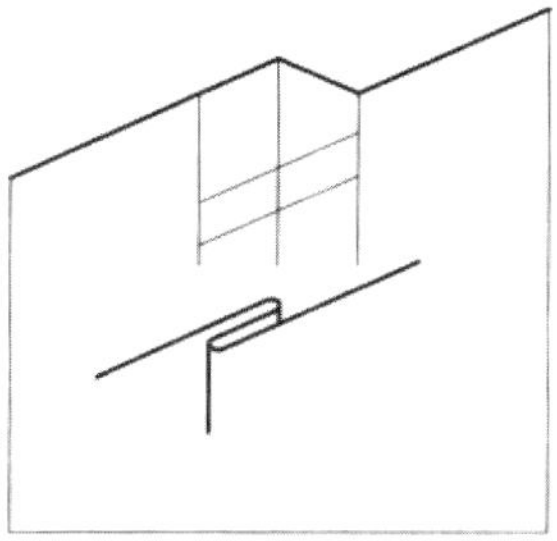

图 2-3-7　裥向左侧折叠

第二，顺风裥向右、左侧折叠操作示意图（见图 2-3-8、图 2-3-9）。

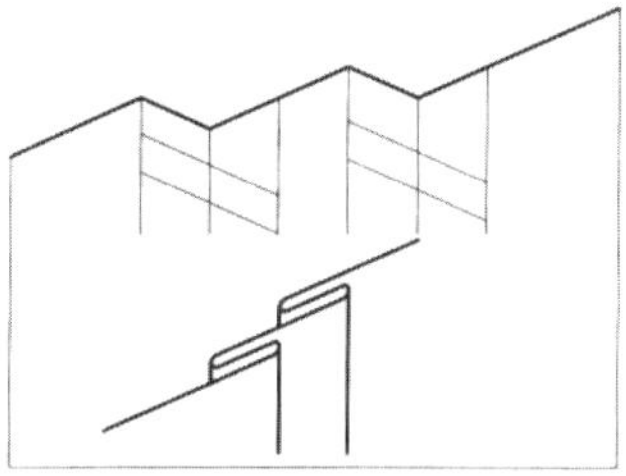

图 2-3-8　顺风裥向右侧折叠操作示意图

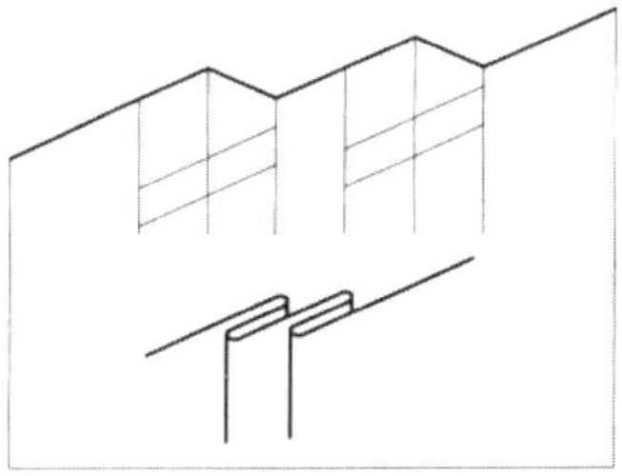

图 2-3-9　顺风裥向左侧折叠操作示意图

第三，裥相向、反向折叠效果图操作示意图（见图 2-3-10、图 2-3-11）。

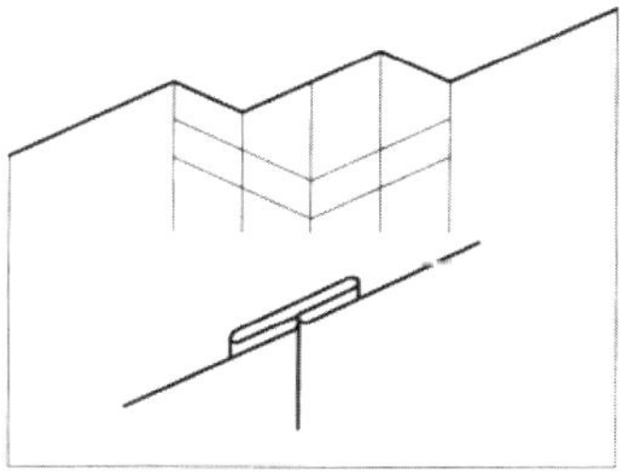

图 2-3-10　裥相向折叠（阴裥）操作示意图

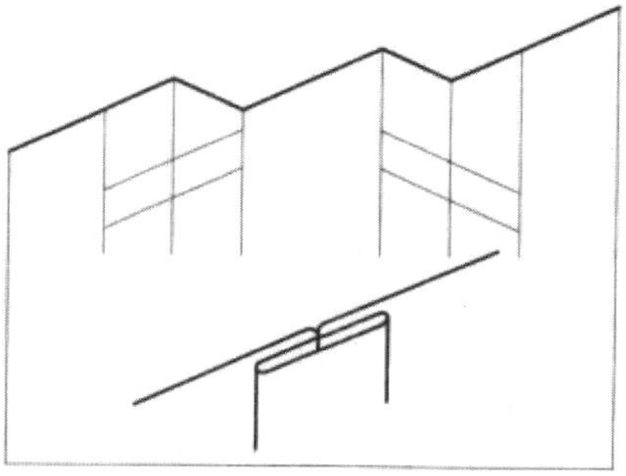

图 2-3-11　裥反向折叠（扑裥）操作示意图

六、胸褶、裥构成要点

① 位置：围绕胸高点四周的任意位置。

② 分布：应指向胸高点。

③ 边界线与胸高点的距离不小于 4cm（见图 2-3-12），图中（a）的胸褶、裥边界线与胸高点间的距离大于图 2-3-12 中（b），因此图 2-3-12 中（a）的胸褶、裥量也大于图 2-3-12 中（b）。当胸褶、裥与胸高点间的距离小于 4cm 时，因为胸褶、裥量太小，不能满足设计要求，所以胸褶裥量不能小于 4cm。

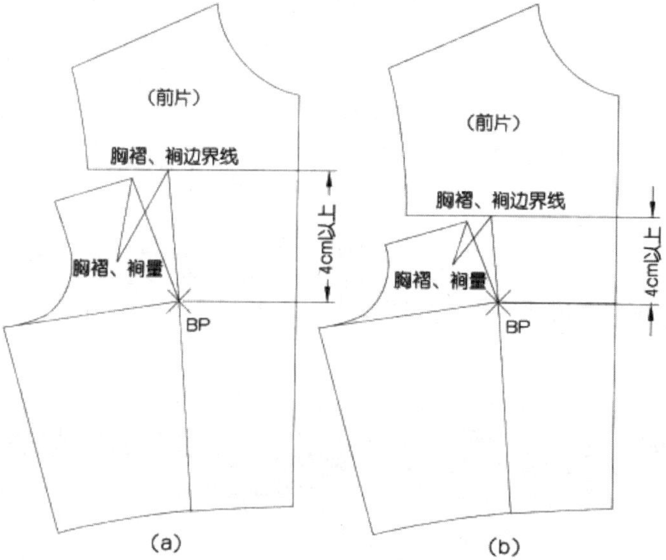

图 2-3-12　胸褶、裥边界线与胸高点间的距离示意图

④ 胸褶、裥量的控制：在胸省夹角一定的条件下，胸褶、裥量的大小与褶、裥边界线至胸高点的距离有关。若仅按胸褶、裥量不能满足设计要求，可通过纸样展开，进一步扩大胸褶、裥量（见图 2–3–13）。图 2–3–13 中（b）为旋转展开法扩大褶、裥量，扩大褶、裥量时胸围也同步扩大了，因此服装的合体程度有减弱的趋势。图 2–3–13 中（c）是用平移展开法扩大褶、裥量，扩大褶裥量时，胸围与底摆围也同步扩大了，因此服装的合体程度有减弱的趋势。

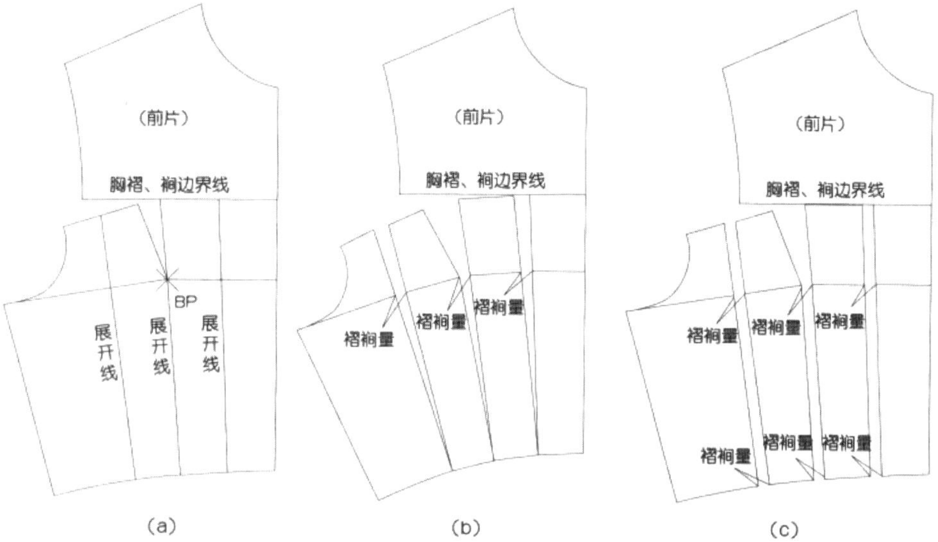

图 2–3–13　胸褶、裥量扩大示意图

七、胸褶、裥的操作步骤

以纸样折叠法为例。

① 按外形图在衣片基本型上画出与之相符合的分割线，并确定胸褶的起止点（确定裥的具体位置）[图 2–3–14（a）、（b）]。

② 通过胸褶、裥部位作一条连接 BP 的辅助线 [图 2–3–14（c）]。

③ 固定 BP 用纸样折叠法或其他方法，将胸省作相应位移 [图 2–3–14（d）、（e）]。

④ 将胸省量转化为胸褶、裥量 [图 2–3–14（f）]。

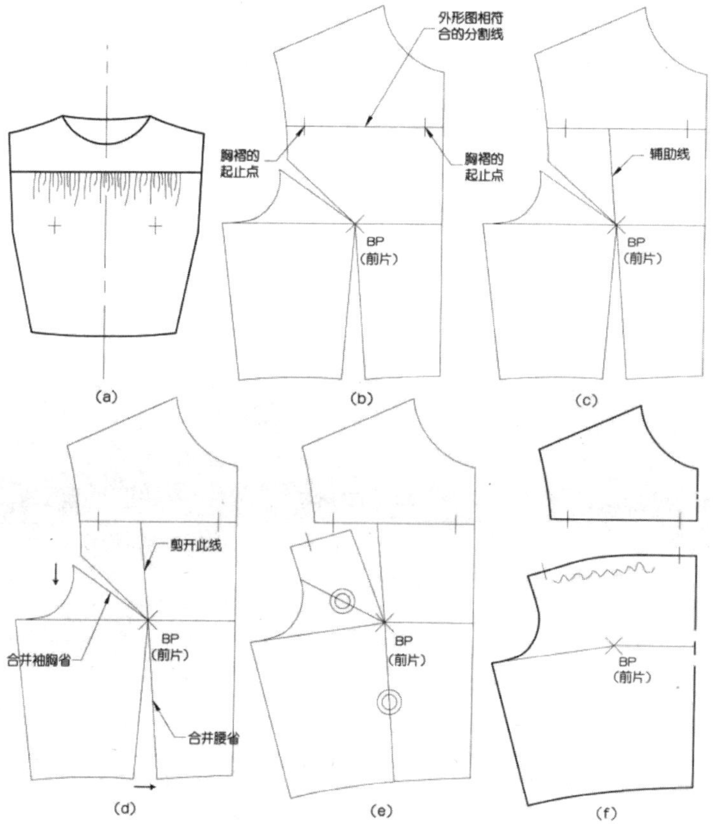

图 2-3-14　胸褶、裥的操作步骤示意图

八、胸褶结构设计

（一）前肩分割胸褶、后片横向分割背褶

第一，前肩分割胸褶、后片横向分割背褶款式图（见图 2-3-15）。

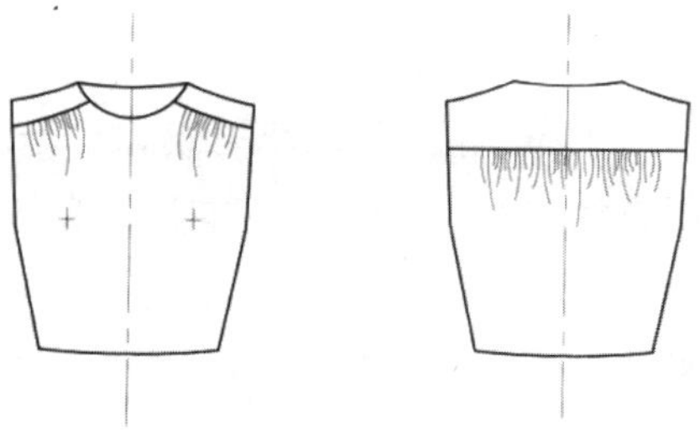

图 2-3-15　前肩分割胸褶、后片横向分割背褶款式图

第二，前肩分割胸褶结构图（见图 2–3–16）。

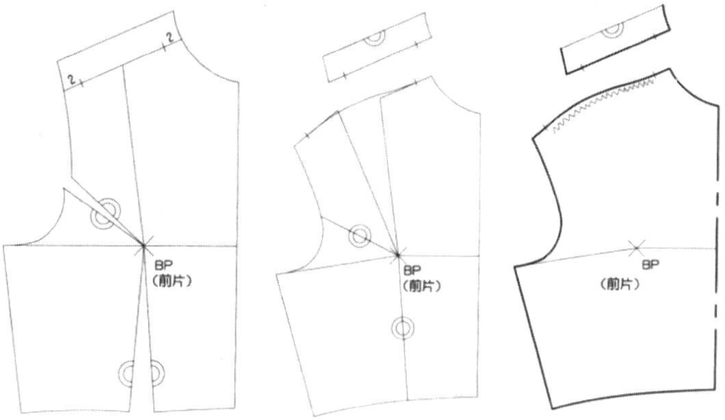

图 2–3–16　前肩分割胸褶结构图

第三，后片横向分割细褶结构图一（见图 2–3–17）。

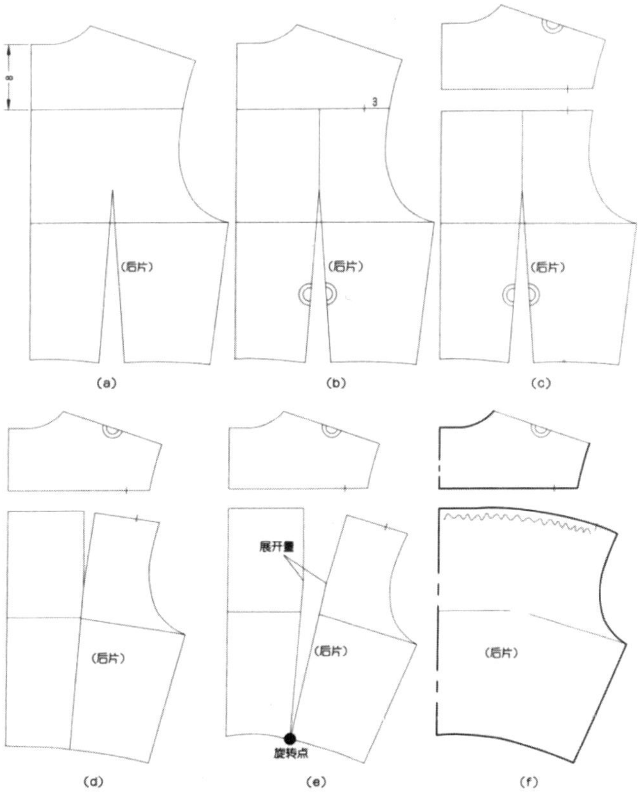

图 2–3–17　后片横向分割细褶结构图一

第四，前、后肩育克结构图（见图 2–3–18）。

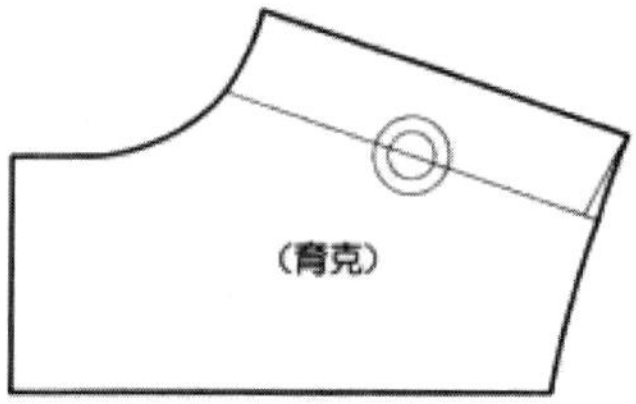

图 2–3–18　前后肩育克结构图

第五，后片横向分割细褶结构图二（见图 2–3–19）。

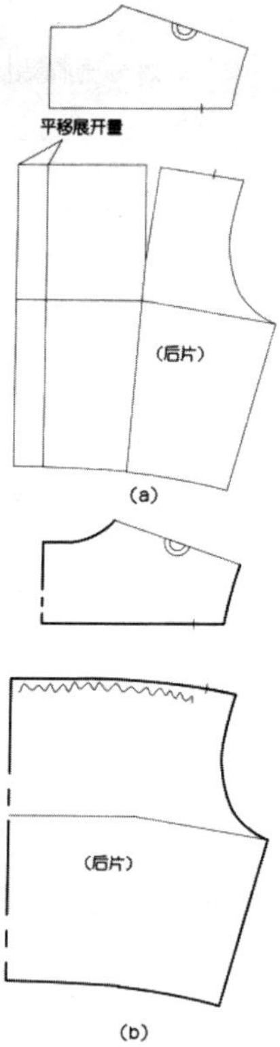

图 2–3–19　后片横向分割细褶结构图二

第六，后片横向分割细褶操作方法说明：

① 后片横向分割细褶操作方法一（见图 2–3–17）

以后腰省为基础，将腰省转移至横向分割线。因细褶量无法满足设计要求，为了加大细褶量，在腰节线上取旋转点，作进一步的展开。

② 后片横向分割细褶操作方法二（见图 2–3–19）

以后腰省为基础，将腰省转移至横向分割线。因细褶量无法满足设计要求，为了加大细褶量，以后中线平移展开一定量。

（二）圆领胸褶

第一，圆领胸褶款式图（见图 2–3–20）。

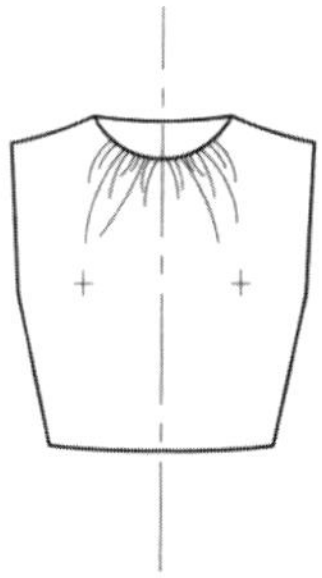

图 2–3–20　圆领胸褶款式图

第二，圆领胸褶结构图（见图 2–3–21、2–3–22）。

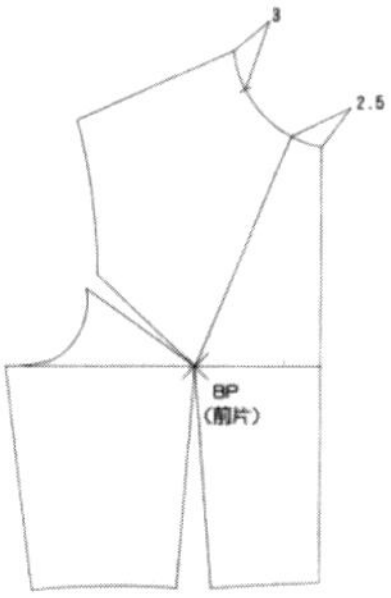

图 2–3–21　圆领胸褶结构示意图一

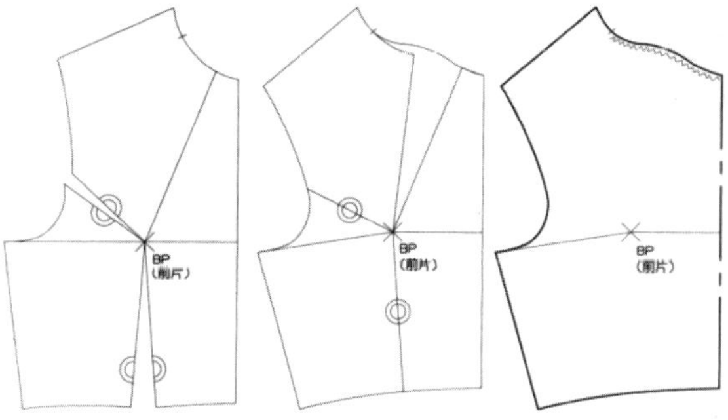

图 2–3–22　圆领胸褶结构示意图二

（三）V 领胸褶

第一，V 领胸褶款式图（见图 2–3–23）。

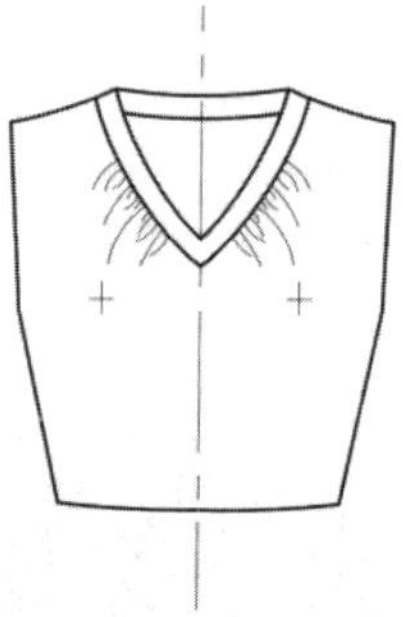

图 2–3–23　V 领胸褶款式图

第二，V 领胸褶结构图（见图 2–3–24、图 2–3–25）。

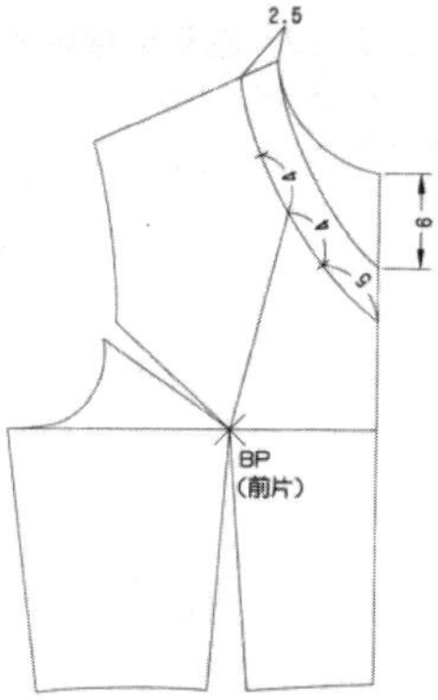

图 2–3–24　V 领胸褶结构示意图一

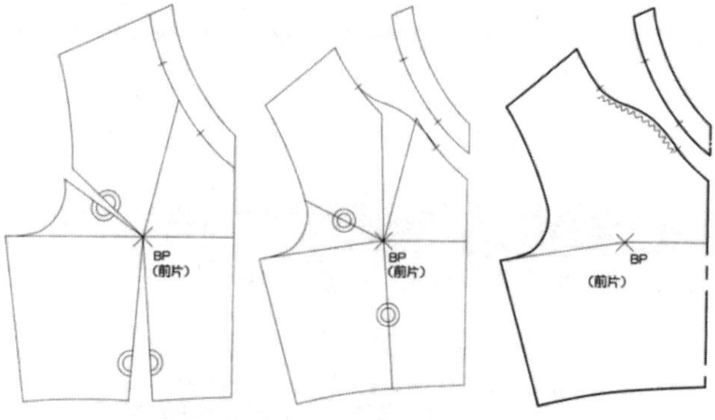

图 2–3–25　V 领胸褶结构示意图二

九、胸裥结构设计

（一）前肩分割胸裥、后片横向分割背裥

第一，前肩分割胸裥、后片横向分割背裥款式图（见图 2–3–26）。

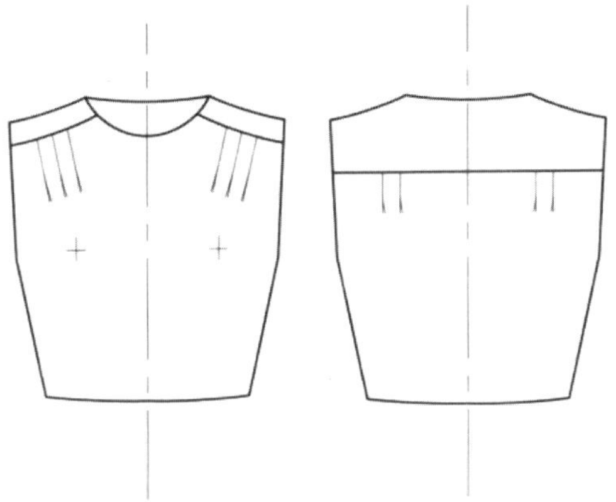

图 2–3–26　前肩分割胸裥、后片横向分割背裥款式图

第二，前肩分割胸褶结构图（见图 2–3–27、图 2–3–28）。

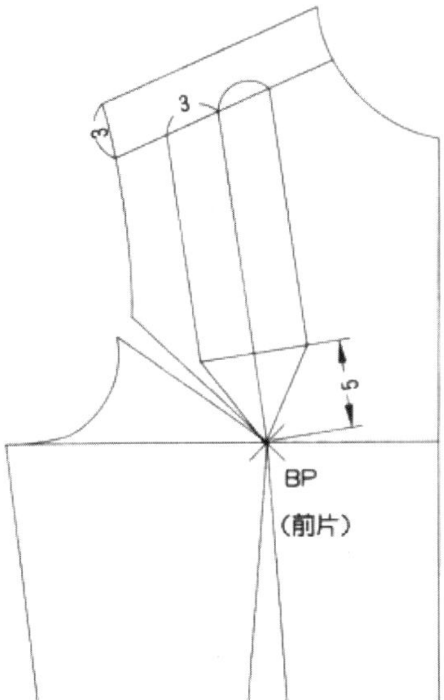

图 2–3–27　前肩分割胸褶结构示意图一

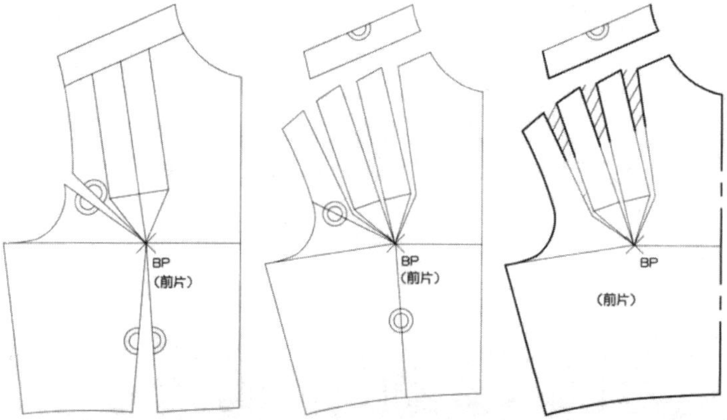

图 2-3-28　前肩分割胸褶结构示意图二

第三，后片横向分割背褶结构图（见图 2-3-29）。

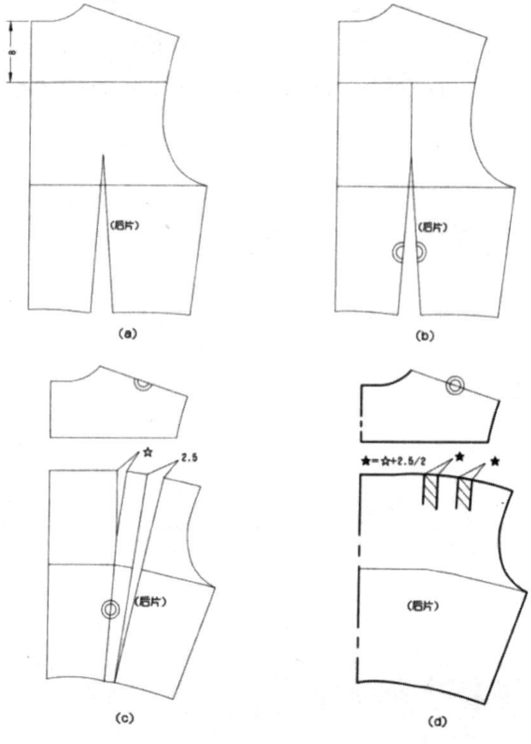

图 2-3-29　后片横向分割背褶结构示意图

第四，前后肩育克结构图。

前后肩育克操作示意图参考图 2-3-18。

（二）方领胸裥

第一，方领胸裥款式图（见图 2–3–30）。

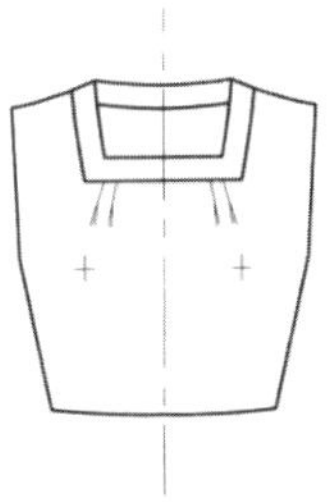

图 2–3–30 方领胸裥款式图

第二，方领胸裥结构图（见图 2–3–31、图 2–3–32）。

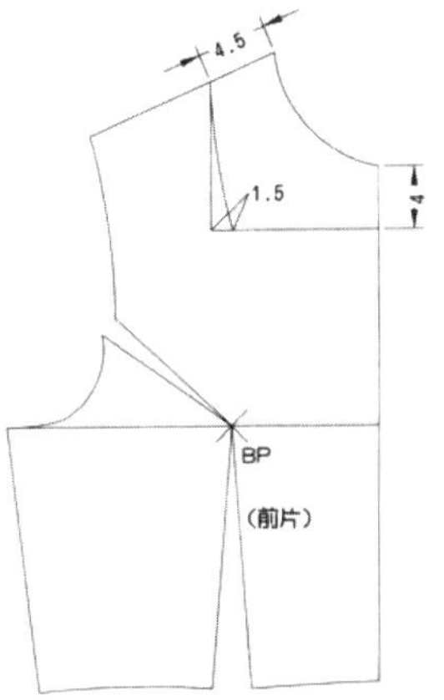

图 2–3–31 方领胸裥结构示意图一

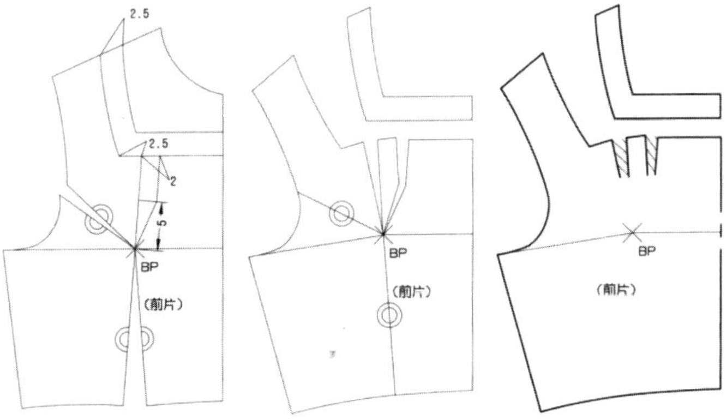

图 2–3–32 方领胸裥结构示意图二

（三）前肩胸裥

1. 前肩胸裥款式图（见图 2–3–33）

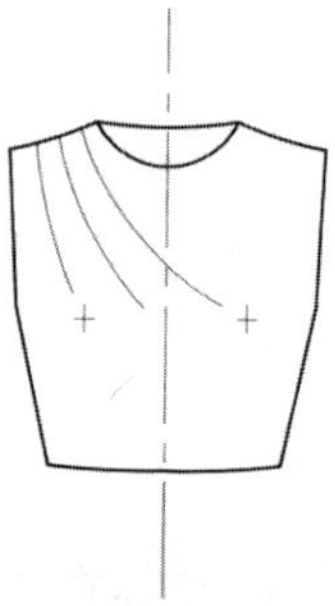

图 2–3–33 前肩胸裥款式图

2. 前肩胸裥结构图（见图 2–3–34、图 2–3–35）

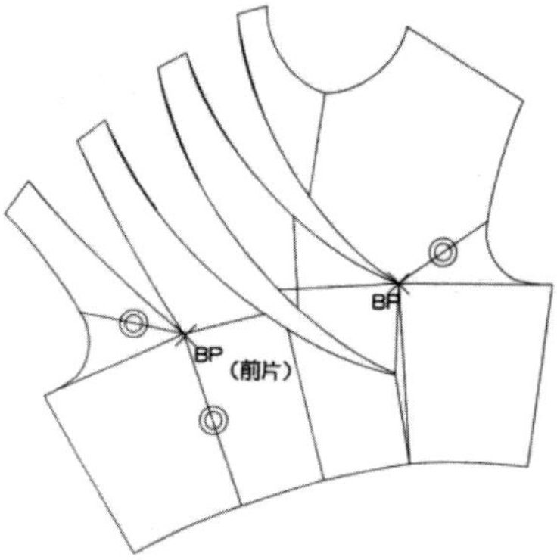

图 2–3–34 前肩胸裥结构示意图一

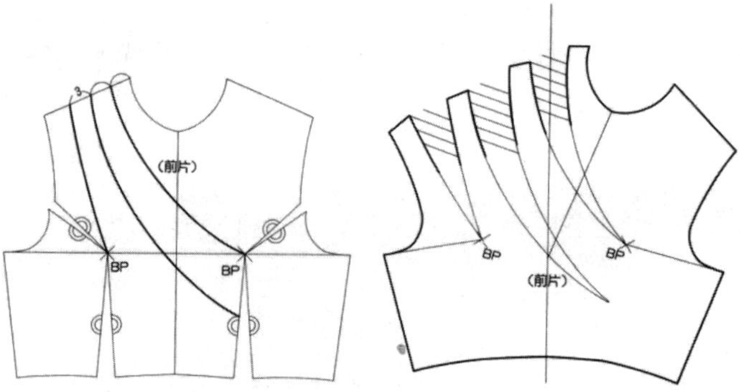

图 2–3–35 前肩胸裥结构示意图二

第四节　分割线结构设计

一、分割线的概念

分割线按设计要求可分为平面分割与立体分割：

① 平面分割：在服装上仅作线条的分割，服装保持原来的平面状态。

② 立体分割：在服装上作线条分割时，将相关的省融入分割线中，服装完成后变化为立体状态。

二、分割线的分类及作用

（一）分割线的分类

服装分割线形态有纵向分割线、横向分割线、斜向分割线、弧形分割线、自由分割线等。此外还有螺旋线、放射线、辐射线等。分割线既能构成服装的多种形态，又能起装饰和分割形态的作用，对服装造型与合体性起着主导作用，分割线一般分为装饰性分割线和功能性分割线：

1. 装饰性分割线

装饰性分割线的功能是指为了造型的需要，附加在服装上起装饰作用的分割线。分割线所处部位、形态、数量的改变，会引起服装造型艺术效果的改变，但不会引起服装整体结构的改变。

分割线数量的改变会改变服装风格，如设计两条后衣身的纵向分割线比设计一条后衣身的纵向分割线更能体现服装的修长、合体。但数量的增加必须保持分割线的整体平衡，在设计装饰分割线时，要尽可能符合黄金分割比，使其具有节奏感和韵律感。

在不考虑其他造型因素的情况下，服装韵律的柔美是通过线条的横、弧、曲、斜与力度的起、伏、转、折及节奏的活、轻、巧、柔来表现的。女装服装结构设计大多采用曲线形的分割线，外形轮廓线以卡腰式设计为多，这种设计能够显示出时尚女性活泼、秀丽、苗条的特点。

2. 功能分割线

服装分割线的设计不仅要设计出款式新颖的服装造型，而且要具有多种实用的功能性。功能分割线的功能是指分割线具有适合人体体型及方便服装设计的工艺特征，如突出胸部、收紧腰部、扩大臀部等，使服装更能体现出人体曲线之美。

功能分割线的特征之一是为了适合人体体型，以简单的分割线形式，最大限度地显示出人体轮廓线的曲面形态。如为了显示人体的侧面体型，设计了背缝线和公主线；为了显示人体的正面体型，设计了肩缝线和侧缝线等。

功能分割线的特征之二是以简单的分割线形式取代复杂的整烫工艺，如公主线的设置，其功能分割线位于胸部曲率变化最大的部位，上与肩省相连，下与腰省相连，通过简单的分割线就把人体复杂的胸、腰、臀部形态描绘出来。功能分割线不仅装饰美化了服装造型，而且代替了复杂的整烫工艺。这种分割线实际上起到了收省缝的作用，通常是由连省成缝而形成的。

（二）分割线的作用

① 装饰作用：是指分割线增强了服装的美感。

② 实用作用：是指分割线达到了使服装合体的效果。

一般来说，具有实用作用的分割线必然具有一定的装饰作用；而具有装饰作用的分割线不一定具有实用作用。例如，平面分割仅具有装饰作用；立体分割则兼具实用作用与装饰作用。

三、分割线结构的构成

（一）分割线结构的构成

分割线一经形成，在服装中就转化成了两条线，即造型线与结构线。造型线又称定型线；结构线又称定量线。造型线在分割线中起主导作用，分割线的外在美观度依赖于造型线的正确定位，结构线则从属于造型线，对服装的结构起到了量化的作用，具体地说，服装的胸部高度与腰部收紧程度均由结构线的弧度决定，而结构线的弧度就是胸省与腰省的控制量（见图 2–4–1）。

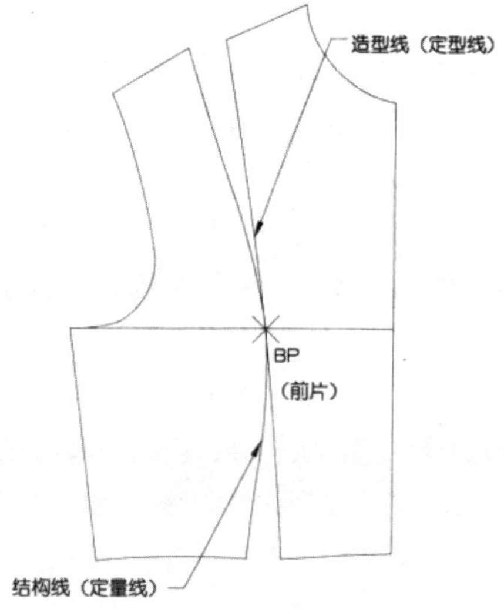

图 2–4–1　分割线结构构成示意图

（二）分割线结构线的处理方法

分割线结构线的处理方法有以下两种：

① 结构线胸高点以下为具有一定量的弧度的弧线，如图 2–4–2、图 2–4–3、图 2–4–4、图 2–4–5 中的 A 所示。

② 结构线胸高点以下为较直的弧线，如图 2–4–2、图 2–4–3、图 2–4–4、图 2–4–5 中的 B 所示。

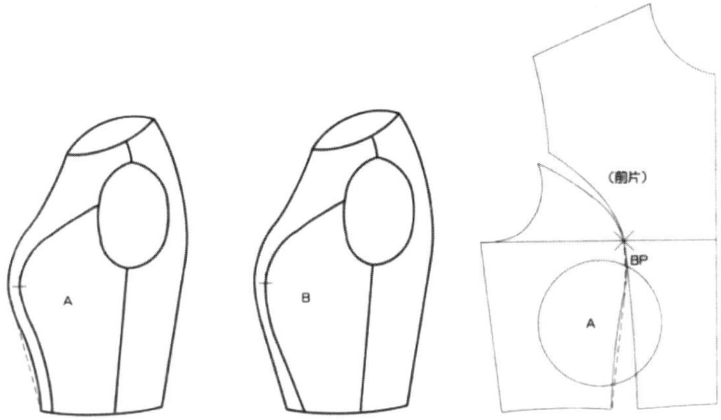

图 2–4–2 分割线结构线处理方法示意图一 a

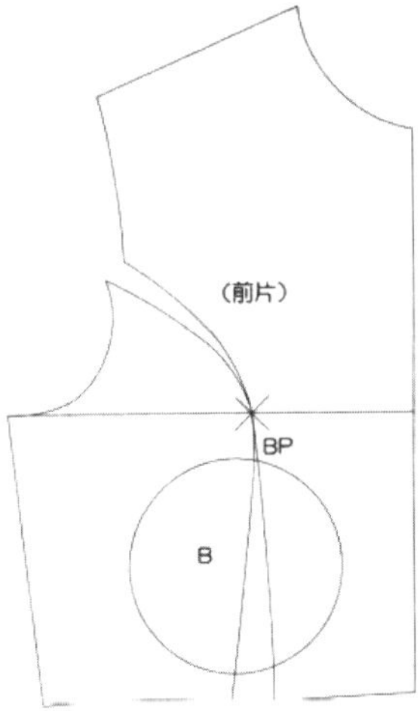

图 2–4–3 分割线结构线处理方法示意图一 b

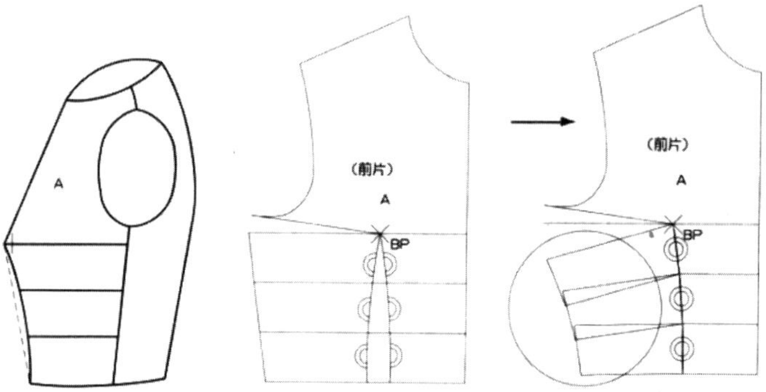

图 2-4-4　分割线结构线处理方法示意图二 a

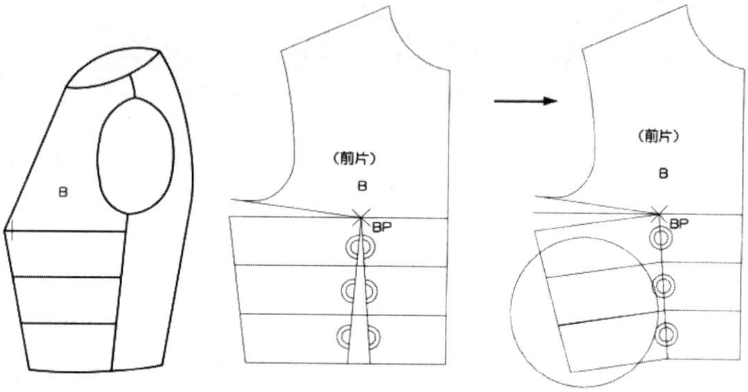

图 2-4-5　分割线结构线处理方法示意图二 b

四、分割线构成要点

（一）分割线的表现形式

按部位分割：领口、肩线、袖窿分割等。
按方向分割：纵向、横向、斜向。
按形式分割：平行、垂直、交错分割等。

（二）分割线的数量变化

在服装分割线的设计中，为了满足合体的要求，在胸腰差较大的状态下，可采用增加分割线或腰省的方法来分散收腰量，以使服装与人体的贴合度达到最佳状态，形成多种款式（见图 2-4-6、图 2-4-7）。

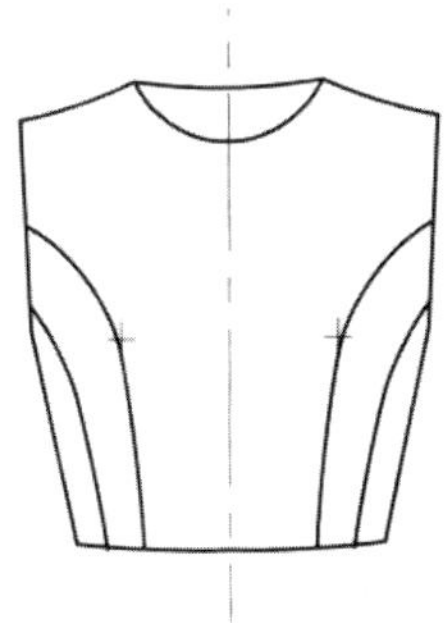

图 2-4-6　分割线数量变化款式示意图一

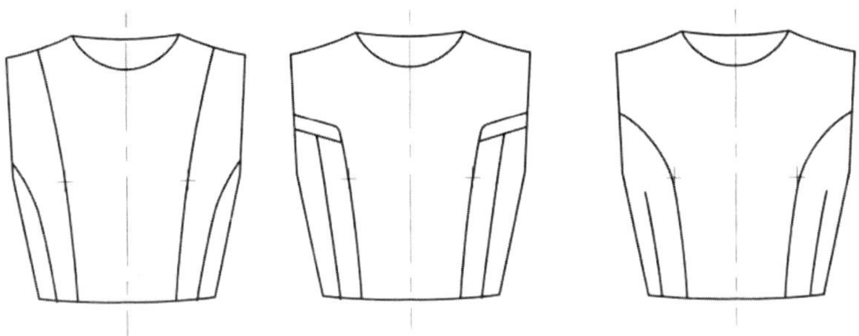

图 2-4-7　分割线数量变化款式示意图二

（三）分割线的组合

首先，分割线与胸省的组合（见图 2-4-8（a））。
其次，分割线与胸褶的组合（见图 2-4-8（b））。
最后，分割线与分割线的组合（见图 2-4-8（c））。

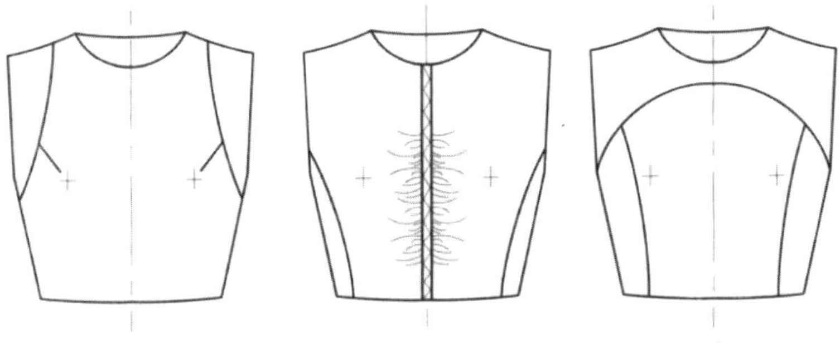

图 2-4-8　分割线组合示意图

五、分割线变化应用

（一）连省成缝

合体服装要与人体曲面相吻合，往往需要在服装的纵向、横向或斜向设计出各种形状的省道，但是在同一衣片上作过多的省会影响服装的外观、制作效率和穿着牢度。在服装结构设计中，在不影响款式造型的基础上，常用衣缝来代替相关联的省道，这种方法被称为连省成缝。连省成缝的形式主要有衣缝和分割线两种，尤其以分割线形式占多数。衣缝的形式主要有侧缝、背缝等；分割线形式主要有公主线、刀背缝等。

（二）连省成缝的基本原则

① 在连接省道时，应尽量考虑连接线要通过或接近该部位线条曲率最大的结构点，以充分发挥省道的合体作用。

② 连接纵向和横向的省道时，从工艺角度考虑，应以最短路径连接，使其具有良好的可加工性、贴体功能性和美观的服装造型；从艺术角度考虑服装造型时，省道相连的路径要服从于服装造型的整体协调和统一。

③ 如按原来方位进行连省成缝不理想时，应先对省道进行转移再连接，此时应注意转移后的省道要指向原先的结构点。

④ 进行连省成缝设计时，应对连接线进行细部修正，使分割线光滑美观，而不必拘泥于省道的原来形状。

⑤ 进行连省成缝设计时宜用于具有一定强度和厚度的面料，对过于细密柔软的面料使用连省成缝容易产生缝皱现象。

六、分割线结构设计

（一）公主分割线

图 2–4–9 为对准 BP 或背骨中心的省道加腰省连省成缝形成的公主分割线，将前、后浮余量分别转移至肩部、腰部，形成肩省、腰省；分别将前、后肩省与腰省相连。在进行连省成缝设计时可不必拘泥原省位，以美观的造型连省，画顺公主分割线，要求前、后分割线在肩部相对。

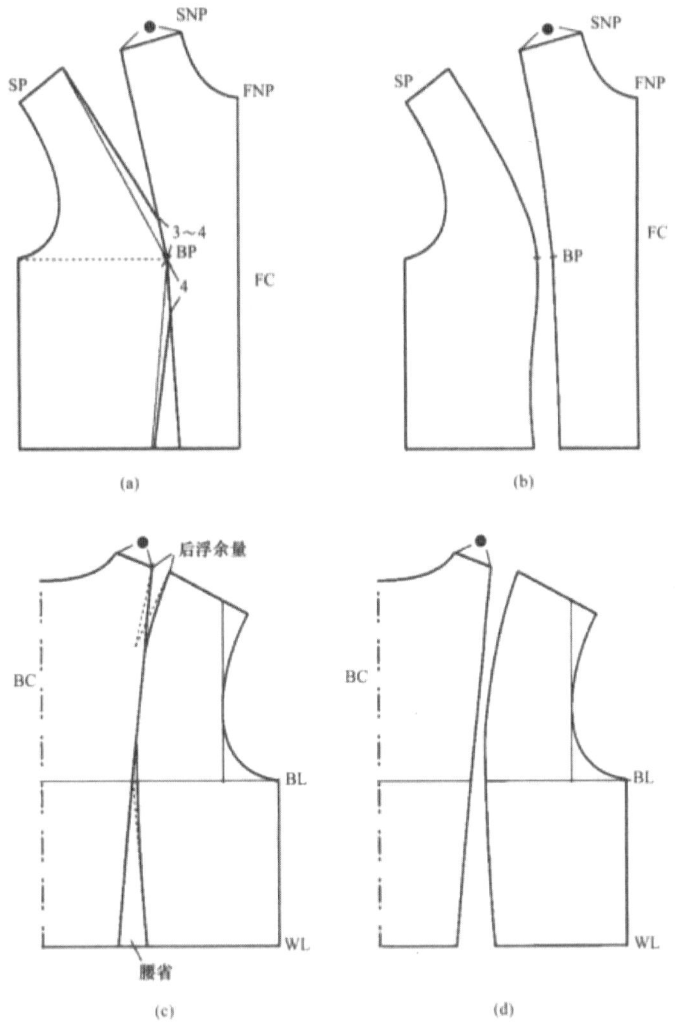

图 2–4–9　公主分割线示意图

（二）刀背分割线

图 2–4–10 为不对准 BP 或背骨中心的省道和腰省连省成缝形成的刀背分割线，分别选取前、后衣片基础纸样，选择前、后袖窿切点，将前浮余量转移为对准 BP 点的袖窿省，将袖窿省与腰省连接形成刀背分割线，后袖窿切点与腰省连接形成后片刀背分割线。进行连省成缝设计时不必拘泥原省位与省形，画顺刀背分割线。

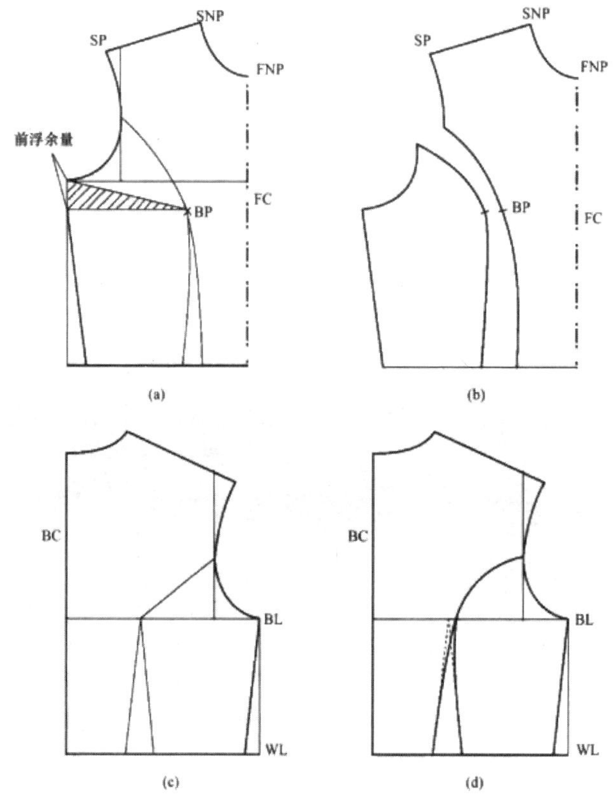

图 2–4–10　刀背分割线示意图

（三）不通过省端点的分割线

对于通过省端点的分割线，一般可通过连省成缝的方法完成该设计。在服装结构设计中，经常会碰到不通过省端点的分割线，当分割线与省端点相距较近时，可用近似平移原理将原省量平移至分割线处；当分割线与省端点相距较远时，应作辅助线，设法使分割线与省端点相连。

如图 2–4–11 所示，款式为不通过省端点的胸省与腰省相连形成的分割线。可以在前衣片基础纸样上，作不通过 BP 点的分割线，添加 A 点，使之与省端点 BP 点相连形成辅助线，如图 2–4–11（a）所示。将前浮余量转移至分割线中，当分割线与省端点相距较近时，辅助线处的省道量较小时，可忽略不计，等到制作服装时通过归烫工艺对其进行处理，如图 2–4–11（b）所示。当分割线与省端点相距较远时（如本款式），辅助线处的省道量较大，不能忽略不计，必须保留此省道，如图 2–4–11（c）所示。

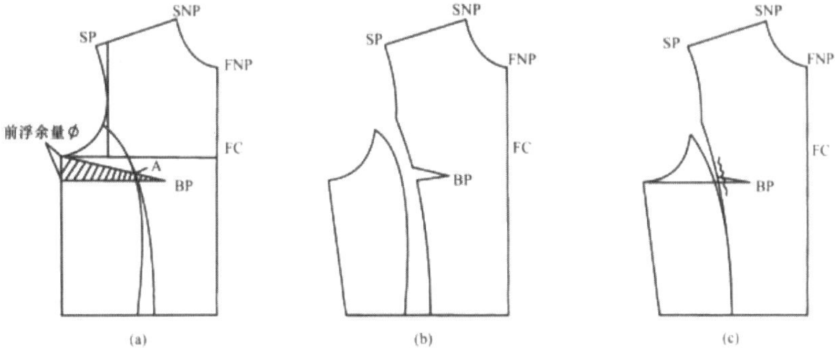

图 2-4-11　不通过省端点的分割线示意图

第五节　衣袋部件结构设计

一、衣袋概述

（一）衣袋的分类

衣袋大体可以分为贴袋、缝内袋和挖袋。

1. 贴袋

贴袋是指先将口袋布按设计意图做好后再直接缉缝在服装上的一种口袋，因为这种衣服口袋在服装外部，所以贴袋具有较强的装饰性，还能起到扩展衣身外形的作用。贴袋可以分为平面型明贴袋、立体型明贴袋及暗贴袋三种形式：

（1）平面型明贴袋

平面型明贴袋中最简单的是四方形，在四方形的基础上，袋型可变化为长方形、宝剑头形、圆角形、抹角形、多角形等。童装上的贴袋还可以采用不同色彩、质感的面料设计成水果形、小动物形等丰富多彩的卡通图案造型，使之更富童趣和装饰美。

（2）立体型明贴袋

立体型明贴袋是指强调增设口袋的侧边厚度，突出的体积感的贴袋。例如，导演、摄像师穿的多袋背心，以及在野外作业的人员穿的工作服常有这样的设计，以便存放大量的易碎物品。

（3）暗贴袋

贴合、固定在服装裁片反面的口袋为暗贴袋，一般其袋口均处于服装各片的自然拼接缝处。其袋型均以显眼的明缉线的方式显现出来。因此，暗贴袋的变化反映在袋型的变化、线迹的变化、位置的变化等几个层面。

2. 缝内袋

缝内袋是指在服装拼接缝间留出的口袋，由于缝内袋附着于服装结构线，不引人注目，所以不影响服装的整体感和服饰风格，是较为实用的一种袋型，但缝内袋在袋位的选择上却受到衣片结构的限制，不及其他口袋来得自由。缝内袋多用于高档、正规的服装中，还可以在缝内袋上采用镶边嵌线、加袋口条、缝袋盖、按扣袢、拉链等来丰富其造型。

3. 挖袋

挖袋也称开袋，是在衣片上按一定形状剪开成袋口，袋口处以布料缉缝固定的口袋。挖袋具有轻便、简洁的特点，其变化主要在袋口和有无袋盖上面。有横开、竖开或斜开的单嵌线及双嵌线无袋盖的挖袋；也有缝上各式袋盖的挖袋。因为挖袋需在面料上开剪，服装制作工艺质量要求很高，所以，织纹不够紧密及透明服装面料的服装不宜做挖袋，以免影响服装的牢度或破坏服装的整体造型。

（二）衣袋的功能

1. 衣袋的实用功能

实用功能是衣袋设计最初的价值，其目的是解放人的双手，方便携带东西，所以服装口袋的大小、深浅、位置等设计需要考虑手的活动特点。例如，衣袋最基本的设计是依据人的手掌宽度设计口袋宽度，成年女性的手宽一般在 9～11cm，成年男性的手宽在 10～12cm，男、女上衣大袋袋口的净尺寸可按手宽加放 3cm 来设计。对于大衣、棉衣类的服装袋口的加放量还可适当增大些，上衣小袋只用手指取物，其袋口净尺寸：男装在 9～11cm，女装在 8～10cm。当然，也有为特殊用途而设计的小口袋。如牛仔裤的复合口袋上往往有个为放置钥匙而设计的、仅容得下两根手指的小口袋，以及为放置手机根据手机宽度而设计的口袋。

除此之外，衣袋还有个不能被忽视的作用，那就是保暖作用。尤其是冬季服装的衣袋，还要格外注意衣袋的手部保暖作用，衣袋要足够深，基本容得下人的整个手掌，又要注意面料的保暖性。为此有些服装还在衣袋布上做了夹棉处理，以能储留大量静止空气，增强其保暖性。因为与其他季节相比，冬天人把手放在衣袋的时间较长，所以对衣袋的位置设计要更加注意到把手插进衣袋时的舒适性，要考虑到胳膊的活动范围，不能太高或太低。太高的话人把手放在衣袋内时肘部需要抬得很高，且要一直悬着，时间一长手臂会酸疼；太低的话，手伸进去却找不到“落手点”，有悖于人平时的习惯。所以衣袋应尽量设置在令手部弯曲较少的位置，能够托住手，这样才能保证手长时间放在衣袋里的舒适性，一般将衣袋位置设计在腰围线以下 10cm 至臀围线以上为宜。

2. 衣袋的装饰功能

现在很多女性出门似乎更愿意带个精致的手提包，搭配她们的服装，她们不愿让各种各样的东西来引起服装的臃肿下垂，这使得服装衣袋失去了用武之地。其实不然，衣袋的存在不是仅为容纳东西的，某种意义上它象征着服装制作工艺的精益求精，也常常是服装价值提升的要素之一，而且衣袋能起到装饰作用，带有美化服装的使命。

服装不是对人体外形形状的简单复制，而是对人体的复杂轮廓的简化、平整化以及打扮修饰等。而作为服装设计的重要构成要素，衣袋同样为服装对人体的“塑造”功能承担责任。合理的衣袋设计可以增加服装的层次感、趣味感。

衣袋的装饰性在于它的面料、造型、颜色以及图案，它能起到画龙点睛之效，甚至赋予了服装在某些专业领域的特殊功能需求。衣袋往往能使服装表面形象更丰富、更有立体感，又有多种实际用途。因此，除了要关注实用要求外，衣袋的设计还应注意以下两点：

（1）衣袋要与衣身整体造型相协调

衣袋在服装整体造型中的任务是加强服装的功能性，丰富和完善服装的形式美。因为衣袋常处于服装造型中的明显位置，所以会直接影响和体现服装造型的风格和特色。无论如何对衣袋变化，衣袋都不会产生独立于服装造型之外的美感。因此，衣袋形式应从属于服装的整体造型。只有与服装造型达到高度协调，衣袋才能充分体现其美感。

要特别注意衣袋与服装整体造型点线面的协调：第一，衣袋尤其是贴袋的直线与曲线的运用要与衣身的直线与曲线的运用相协调。曲线越多越是活泼飘逸，直线则给人庄重硬朗之感，曲线和直线应用的比例会直接影响服装整体风格。例如，在衣袋上缉缝明线会增加服装的休闲感，如牛仔衬衫、牛仔裤，可见衣袋线条也是衣身装饰线条的重要组成部分。第二，衣袋在整件服装设计要素中起到“面”的作用，它使服装的造型更协调。

（2）衣袋的位置要合理

衣袋位置会影响服装的比例，所以设计衣袋位置的时候要同时兼顾实用性和美观性。它能在视线上起到水平分割的作用，使得服装的上半部与下半部处于一定的比例之中，因此它具有整体协调的作用。甚至有时设计师为追求美观性或特殊的比例，衣袋的实用性以及所在位置的舒适性有时会被设计师忽略。此外，衣袋尤其是贴袋会增加视觉上的膨胀感。如果在胸部或臀部的位置设置衣袋会对该部位加以强调，尤其是在贴身服装上，所以此时设计师要考虑到目标人群的体形特征。

紧身服装一般不设置衣袋，因为口袋的体积会使服装局部臃肿，会破坏服装的造形效果。但是只要衣袋位置设计恰到好处，它又能化腐朽为神奇。例如，中山装的立体贴袋，其饱满的袋型为整件服装增添了体积感，给人以精神饱满、昂首挺胸之感。还有不少 O 型长裙和 H 型长裙，在腰部增加松垮的口袋，不仅增强了腰部或臀部的体积感，强化了服装造型的视觉效果，也丰富了服装的层次感。

二、衣袋设计

（一）不同风格下的服装口袋设计

1. 形式主义下的服装口袋设计

形式主义下的服装口袋设计就是纯装饰口袋，也就是大家俗称的“假口袋”。这类口袋原本就不是为了使用功能设计的，而仅仅起到装饰作用，以便让消费者在视觉上感到平衡。礼服中的口袋很多都是作为形式主义的服装口袋设计，礼服是在庄重的场合或举行仪式时穿的服装，一般来说女性的晚礼服大部分都是没有口袋的，即便有口袋也会借助一些巧妙的方式将之隐藏起来。裙装上的口袋绝大多数会选择插袋的形式在服装表面破口，并且袋内不会有过大的空间。相较于女性晚礼服，男性礼服的口袋会多一些，但是鉴于礼服的性质，这些口袋并不会被用来装太多的物品。更多是被用于表达设计师的设计理念。

2. 简约主义下的服装口袋设计

简约主义便是追求简洁，力求以最简洁明朗的线条衬托出服装简约风格的服装口袋，简约主义下的服装口袋设计秉承着“少即是多”的理念，与服装整体的风格相呼应。这类服装口袋往往其貌不扬，甚至很难被发现，但是往往有着独到的设计理念，以细节打动消费者的心，是口袋中简约而不简单的代表。这类口袋不追求复杂的外形，可能这种口袋的外观和功能都不是最出众的，但是要求一切从简，简单的线条、简单的轮廓、简单的面料构成了简约主义下的服装口袋设计。其实，有时候往往是最简捷、最纯粹的东西更能给人以美的感受。

3. 实用主义下的服装口袋设计

实用主义下的服装口袋设计更多是追求口袋的实用性，有用才会设计口袋，没用则可以舍去，这是一种实用性高于一切的设计理念。这类服装口袋不会过多在意口袋的外观和材质，所以实用主义下的服装口袋设计和人平时日常生活中最常见的口袋、使用率最高的口袋有着非常紧密的联系。这类口袋设计的初衷在于口袋必须有用处，而不是虚有其表或者是不经常使用。虽然这类口袋可能没有出众的外形，在服装中也不会太显眼，但是它们实际作用比外表更出众。

（二）影响服装口袋设计的其他元素

1. 色彩

服装本身的色彩美学是一门非常微妙而又复杂的学问。在作者看来，服装色彩作为受众对于服装最直观的感受，是服装口袋设计中最为考验设计师功力的一部分。如果当服装整体色调是无彩色系时，如果口袋加上一些色彩，会给服装整体加上一丝活力。当整体服装色彩比较丰富的时候，口袋则可以选用无彩色的黑白灰中和一下，降低色彩对受众视觉的冲击力。

2. 服装面料

和烹饪一样，不同的食材烧出来的菜，自然有着不一样的口感和滋味。同样，作为服装的“地基”，服装的面料的选择，往往会对服装起决定作用。口袋是服装的一部分，设计师往往会选择和服装本身整体的相同面料制作口袋，这是为了服饰本身整体的统一性考虑，由于和整体面料一致，口袋在材料上并不能凸显其本身的美感。但如果设计师在设计伊始就决定用比较特殊和显眼的面料来缝制口袋，从而达到点缀服装整体的效果，同时口袋也是服装整体的亮点和吸睛点的时候，这时口袋的材料美的势必会被放大。

3. 图案

图案在服装的设计中被设计师广泛的应用，有时一个小小图案便可以使服装变得更为精致和灵秀。服装口袋的设计同样如此，无论设计师是在口袋上缝制或烙印图案，还是将口袋按照某些图案设计成相似的形状，都可以为服装增添几分可爱。并且，在技术产业蓬勃发展的今天，服装图案设计的成本已经大大降低，这也为服装口袋图案的设计提供了支持。

第六节　立体裁剪在女上装结构设计中的创新

一、贴体女上装原型的立体裁剪

（一）贴体女上装原型特点

女上装原型有多种形式，本款属于半紧身原型，符合大多数基本服装款式的特点，有反映胸凸量的原型胸省、反映背部肩胛凸起的肩背省、反映胸腰差的4个腰省（见图2–6–1）。

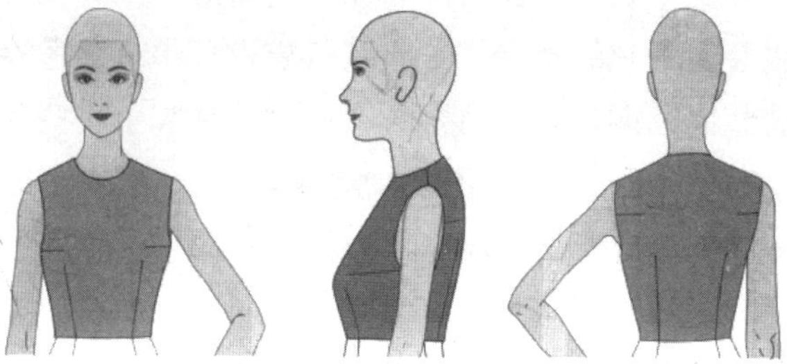

图2–6–1　半紧身原型

（二）人台贴线

① 在160/84A人台上贴好基础线，可以在两胸高点之间用折叠的布条弥补中间的凹陷。

② 根据规格设计，半肩宽为19.5cm，背宽线大于胸宽线，贴顺夹圈，长度控制在胸围的一半，窿距控制在12～13cm。

（三）准备坯布

（1）坯布的量取方法

经纱方向用量：从贴好线的人台上量取最长裁片的长度，上下各加5cm的余量作为裁取坯布的长度，按丝缕用剪刀剪下，用蒸汽归正纱向、烫平；

纬纱方向用量：前片胸围处前中心线一侧增加10cm的立体造型量，后片后中心线增加5cm的立体造型量。

（2）坯布画线

按人台贴线的数据确定坯布画线（见图2–6–2）。

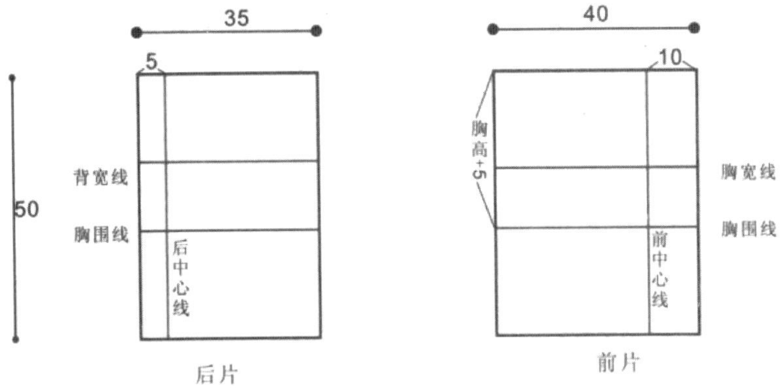

图 2–6–2　人台贴线的数据

（四）立体裁剪

1. 前身立体裁剪

① 取前片坯布样，将坯布样前中心线对齐人台前中心线，横向上坯布的腰围线、胸围线、胸宽线要与人台上的人体特征线对齐，用固定针法将前中心线固定，胸围处不要钉大头针。

② 在前领口中心处打开剪口。

③ 用手抚平前胸上部面料，并在前领口保持平服适当松量，用手抚平坯布至肩缝线，边修剪缝份在 3cm 左右，当贴线不清晰时，可用褪色笔在肩缝线上作点影记号。

④ 用手抚平前肩部面料的同时，自后向前修剪前袖窿，修剪缝份为 3cm 左右。

⑤ 保持纵向前中心线对齐人台前中心线，横向上坯布的腰围线、胸围线、胸宽线要与人台上的人体特征线对齐，在胸围线侧缝一端捏合出胸省。

⑥ 捏合出胸省后，保持各部位平服，保持纵向前中心线对齐人台前中心线，侧缝位置坯布不产生拉纹，在前胸腰处捏出前腰省，要求前腰省中心线与腰围水平线垂直、大小合适、各部位松量恰当。

⑦ 将前侧缝多余布料反折向前片固定，便于下一步后片的操作。

2. 后身立体裁剪

① 取后片坯布样，将坯布样的后中心线对齐人台后中心线，横向上坯布的腰围线、胸围线、背宽线与人台上的人体特征线对齐，用固定针法将后中心线固定，胸围处不要钉大头针。

② 在后领口一边打开剪口，一边将背部布料推向肩部，保持平服适当松量，用手抚平坯布至肩缝线。

③ 保持平服适当松量，前后肩线用大头针固定连接，并从前至后修剪袖窿。

④ 在背宽线后袖窿处捏合出背省，保持各部位平服，保持背宽线与人台贴线对齐，侧缝位置坯布不产生拉纹状态，修剪后袖窿、侧缝自然伏贴。

⑤ 捏合出肩省后，保持各部位平服，保持纵向后中心线对齐人台后中心线，侧缝位置坯布不产生拉纹状态，在后胸腰处捏出后腰省，要求后腰省中心线与腰围水平线垂直、大小合适、各部位松量恰当。

⑥ 前后片整体造型调整，各部位贴线、点影做标记。

（五）坯样整理与拓印纸样

① 从人台上取下前后片坯布，调整侧缝线，使前后片肩缝用大头针别合，用曲线板画顺领口弧线、袖窿弧线。

② 将前后片侧缝、前后腰省用大头针别合，用曲线板画顺腰口弧线。将胸省、前后片侧缝用大头针别合，用曲线板画顺袖窿弧线。

③ 整理好坯布样后，将坯布样拓印到打板纸上。

二、松腰女上装原型的立体裁剪

（一）松腰女上装原型特点

松腰原型，多符合较宽松服装款式的特点，有反映胸凸量的原型胸省，反映背部肩胛凸起的肩背省（见图 2–6–3）。

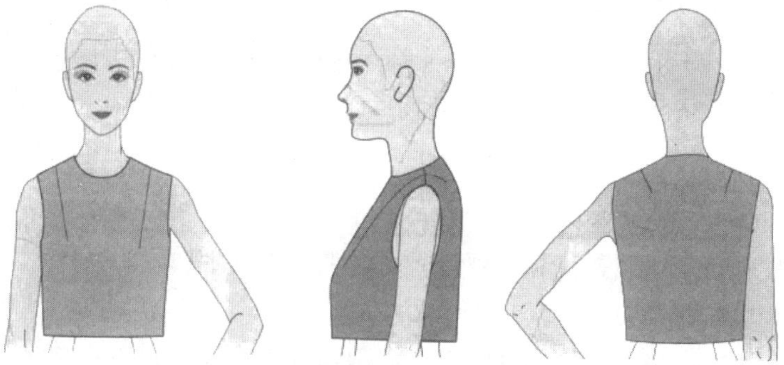

图 2–6–3　松腰女上装原型

（二）人台贴线

① 在 160/84A 人台上贴好基础线，在两 BP 点之间可以用折叠的布条弥补中间的凹陷。

② 根据规格设计，半肩宽为 19.5cm，背宽线大于胸宽线，贴顺夹圈，长度控制在胸围的一半。

（三）立体裁剪

1. 前身立体裁剪

① 取前片坯布样，将坯布样的前中心线对齐人台前中心线，横向上坯布的腰围线、胸围线、胸宽线与人台上的人体特征线对齐，用固定针法将前中心线固定，胸围处不能钉大头针。

② 在前领口中心处打开剪口，用手抚平前胸上部面料，并在前领口保持平服适当松量，用手抚平坯布至肩缝线。

③ 保持平服适当松量的同时，保持纵向前中心线对齐人台前中心线，横向上坯布的腰围线、胸围线、胸宽线与人台上的人体特征线对齐，在前肩线约 1/2 处捏合出胸省。

2. 后身立体裁剪

① 取后片坯布样，将坯布样的后中心线对齐人台后中心线，横向上坯布的腰围线、胸围线、背宽线与人台上的人体特征线对齐，用固定针法将后中心线固定，胸围处不能钉大头针。

② 在后领口一边打开剪口，一边将背部布料抚向肩部，保持平服适当松量，用手抚平坯布至肩缝线。

③ 在后肩缝处捏合出背省，保持各部位平服，保持背宽线与人台贴线对齐，侧缝位置坯布不产生拉纹状态，修剪后袖窿、侧缝自然伏贴。

④ 前后片整体造型调整，各部位贴线、点影做标记。

第三章　女下装结构设计

本章从六个方面介绍了女下装结构设计，分别为裙装分类与基本结构、裙装结构设计原理、纸样设计在裙装结构设计中的创新、裤装分类与基本结构、裤装结构设计原理以及纸样设计在裤装结构设计中的应用。

第一节　裙装分类与基本结构

裙装是包裹女性下肢部位的一种服装品类，在女性的服装历史中，裙装的产生是最早的。一般穿裙装不受年龄的限制，不同年龄的女性都可以穿着，但在苏格兰也有男性穿裙的传统。

最古老的裙装出现在古埃及时代，即用四方布简单围裹在腰间形成的装束。到了 13 世纪，随着立体裁剪技术的发展，出现采用省道结构使裙装腰部符合人体，并且根据穿着的需要在腰部、臀部、下摆等部位增加必要松量的裙装形式。

裙装适用的面料非常广泛，可根据款式、用途和穿着季节等因素进行选择。但在日常活动中，因为人体下肢的活动较多而使裙装容易产生皱褶，所以设计款式简洁且合体的裙装时可选择牢固不易折皱的面料。

一、裙装分类

随着社会背景和生活方式的变化，形成了各种各样的裙装款式。通常可根据裙装造型、腰线位置和裙长等对裙装进行分类。

（一）根据裙装造型分类

1. 基本造型

① 直身裙（紧身裙）：臀围松量在 4～6cm，从腰部至臀部很合体，从臀围至下摆为直线型轮廓，是裙装中最基本的款式；

②A 形裙（梯形裙）：臀围松量在 6～12cm，从腰部至臀部比较合体，下摆稍微扩展，形成 A 字型轮廓；

③ 波浪裙（喇叭裙）：臀围松量大于 12cm，仅在腰部紧身合体，臀部很宽松，下摆呈圆弧形。

2. 变化造型

在裙装基本造型基础上，与其他造型手法相结合可形成多种多样的裙装变化造型，两者之间的关系可表示为图 3-1-1 所示。

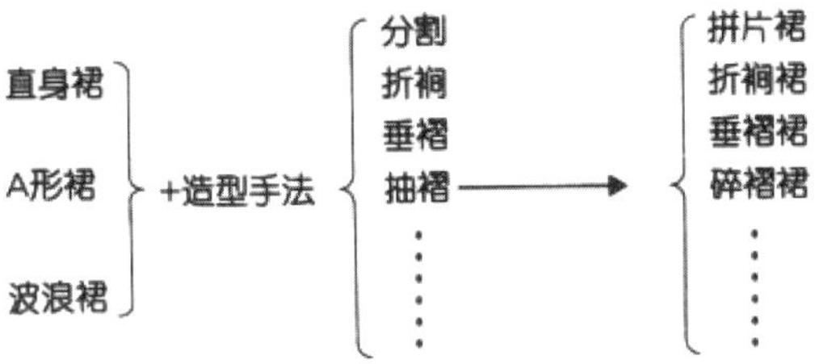

图 3-1-1　裙装的变化造型

（二）根据裙装腰线位置分类

根据裙装腰线位置对裙装进行分类，裙装可分为低腰裙、无腰裙、装腰裙、高腰裙、连腰裙、连衣裙等，如图 3-1-2 所示。

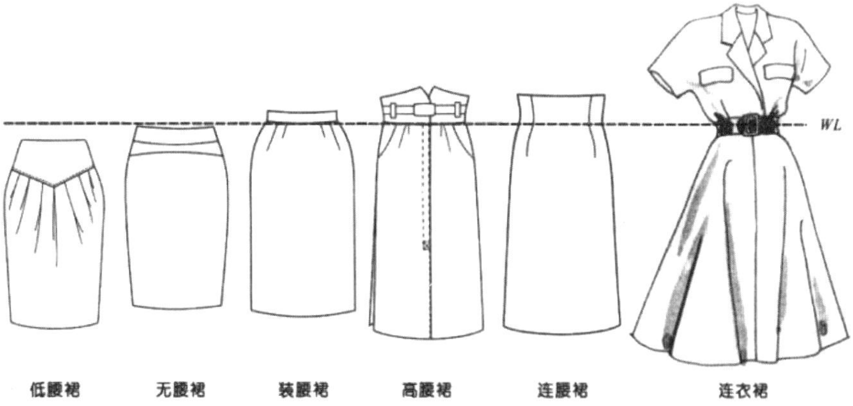

图 3-1-2　根据腰线位置分类的裙装

（三）根据裙长分类

根据裙长对裙装进行分类，裙装可分为超短裙、迷你裙、及膝裙、中长裙、长裙、超长裙等，如图 3-1-3 所示。

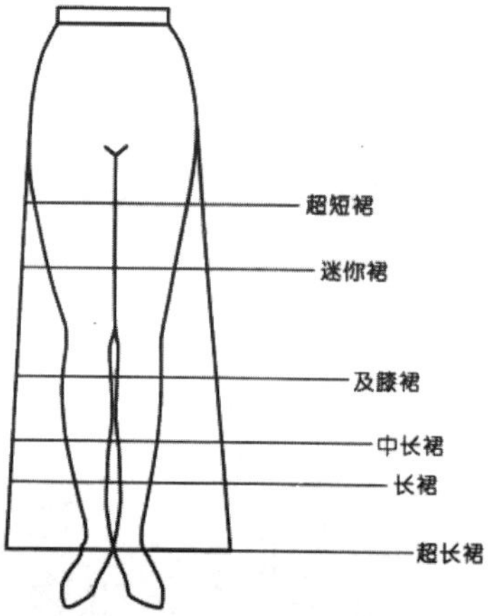

图 3-1-3　根据裙长分类的裙装

（四）根据裙装腰部装饰分类

裙腰是裙装主要设计部位，根据裙装腰部装饰对裙装进行分类，裙装有约克、折裥和包扎带、抽褶、交叉裙腰、滚边带、扎绞带、双钮对称裥等，如图 3-1-4 所示。

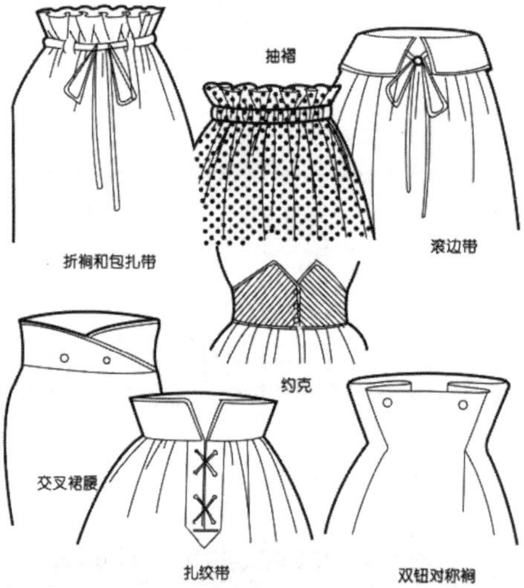

图 3-1-4　根据裙装腰部装饰分类的裙装

（五）根据裙衩形态分类

为方便行走，在裙装下摆处加入开衩作为运动的活动量。根据裙衩形态对裙装进行分类，裙装有单折裥衩、对折裥衩、对合衩、重叠衩等，如图 3–1–5 所示。

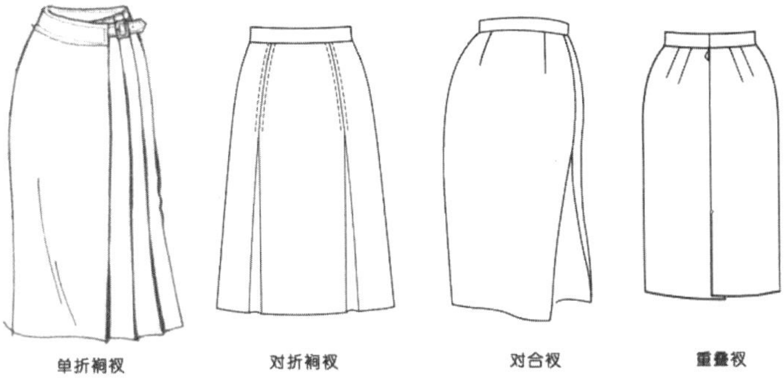

图 3–1–5　根据裙衩形态分类的裙装

二、裙装基本结构

在多种多样的裙装款式中，直身裙、A 形裙和波浪裙是最基础的裙装款式，它们可以体现裙装结构设计的基本原理，因此被称为裙装基本结构。

（一）直身裙

直身裙是裙装中的基本款式，基本保留裙装原型的结构特征，即从腰围至臀围合身、从臀围到下摆呈直线轮廓。裙长可根据流行趋势和个人喜好自由变化，但由于裙身廓型细窄，设计师设计直身裙时，应考虑到不妨碍步行等动作，需要加入开衩或折裥。

（二）A 形裙

A 形裙也称为半紧身裙，是指从腰围到臀围较合体（臀围松量稍大于直身裙），裙摆稍微变宽的裙型，A 形裙腰部可有一个省道，也可没有省道。A 形裙的结构构成可有两种方法：一是在直身裙基础上，通过闭合腰部省道，展开下摆形成；二是根据直身裙展开的结果直接绘制。

（三）波浪裙

波浪裙又称喇叭裙，是指臀围处比较宽松（与 A 形裙相比，臀围增加了较多松量），裙摆摆幅较大的裙型，波浪裙腰部通常没有省道。

波浪裙的款式根据裙片数量可分为一片波浪裙（全圆波浪裙）、两片波浪裙（半圆波浪裙）、四片波浪裙、六片波浪裙、八片波浪裙等。

波浪裙的结构构成有三种方法：一是在直身裙基础上，通过闭合腰部省道，获得裙摆展开量；二是从图形学角度应用圆台展开法计算裙摆展开量；三是利用腰围与裙摆之间同心圆的关系绘制波浪裙。实际应用时，设计师可根据裙片的数量及裙摆大小选择适当的波浪裙结构构成方法。

第二节　裙装结构设计原理

尽管裙装造型变化多种多样，但其结构设计的基本原理是相通的。以裙装中最基本款式——直身裙为基础，通过平面展开获得平面样板，分析相关人体数据与裙装构成要素的关系，在此基础上对裙装的结构构成原理进行研究。

一、直身裙立体形态与人体的关系

图 3–2–1 是人体下肢部位被纸样或面料包裹后的形态，这可以作为直身裙的基本立体形态。形成的圆柱体在前方与人体腹部突出部位相接触，前侧面约在肠棘点部位相接触，侧面与体侧的突出点相接触，后面与臀部后突点相接触，即直身裙的基本立体构成是以人体腹臀部各个方向上的突出点为接触点，由此垂直向下形成柱状形态，将该柱体展开，则形成横向 a 为臀围，纵向 b 为裙长的长方形。而直身裙立体形态的上部与人体之间存在着一定的空隙，从腰线到臀围线的人体体表曲面是类似椭圆球面的复曲面。如图 3–2–2 所示，为了符合人体的立体形态，设计师需要在腰部利用省道及其他方法使圆柱体与人体形态相贴合。

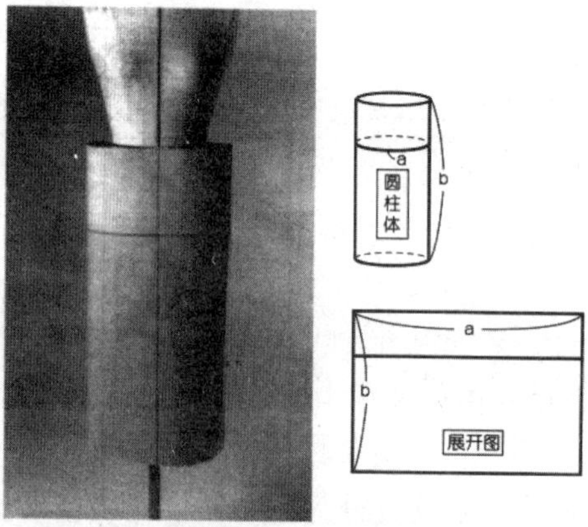

图 3–2–1　直身裙的基本立体形态和平面展开图

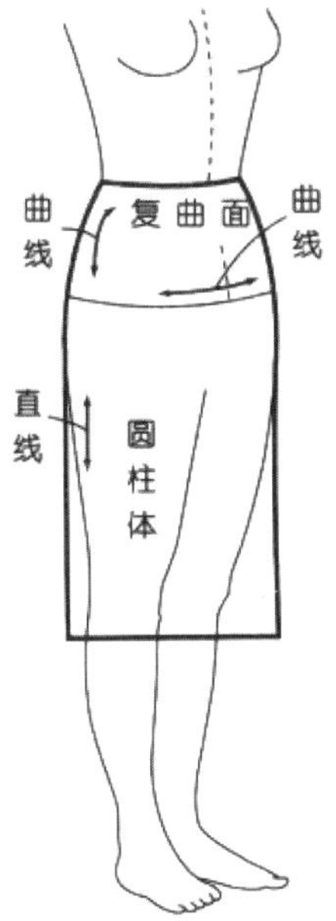

图 3-2-2　裙装的曲面构成示意图

二、裙装省道与人体腰臀差关系

通过设置省道，可使裙装腰臀部位与人体形态相适合，确定省道的位置和大小可采用以下几种方法：① 立体裁剪的方法；② 利用腰围、臀围水平截面重合图进行计算；③ 利用石膏法或其他三维复制法获得体表展开图。利用这些方法，可以确定裙装的基本省量。本书主要讨论以腰围和臀围的水平截面重合图为依据、通过理论计算确定省道的位置和大小的方法。

（一）省道的位置

图 3-2-3 是人体腰围与臀围的截面重合图，图中细实线分别是人体腰围和臀围的截面，粗实线是直身裙臀围的截面，O' 是重合图中线、各区间裙装臀围与腰围的差值即为各部分省量的大小。从图中可以看出，在后中心线与前中心线附近的省量很少，而在围度曲率变化大的部位（腰侧部位），因为距离较大而使腰臀围的差值增大，省量明显增大。所以，省道的位置是由腰围和臀围截面曲率共同决定的，在服装前、后中线附近基本不需要腰省，从斜侧面到侧面在腰线处应设置省道。

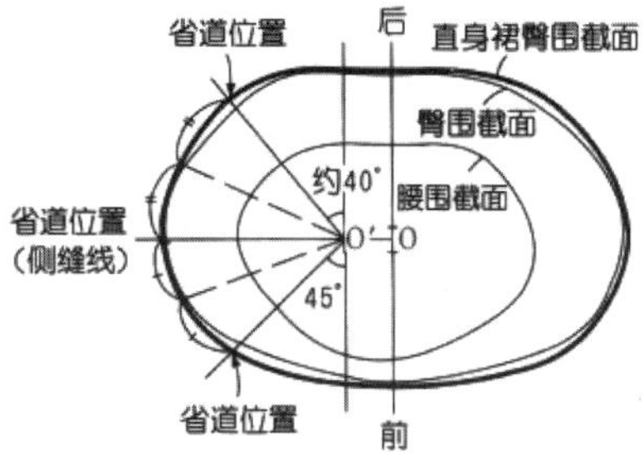

图 3-2-3　腰省道位置的确定（一个省道的情况）

前、后各有一个省道的位置分别位于从 O' 点开始与前、后中心矢状方向分别呈 45° 和 40° 的位置。当单个省道量超过 4cm 时，应将省道分为两个。如图 3-2-4 所示，前片省道位置约在与前中矢状方向呈 35° ～40° 夹角的直线上以及该直线与侧缝线的中间位置，后片省道位置约在与服装后中心矢状方向呈 25° ～30° 夹角的直线上以及该直线与侧缝线的中间位置附近，即省道的位置基本是沿直身裙臀围截面的法线方向。另外，侧缝线也可以作为一个省道位置。

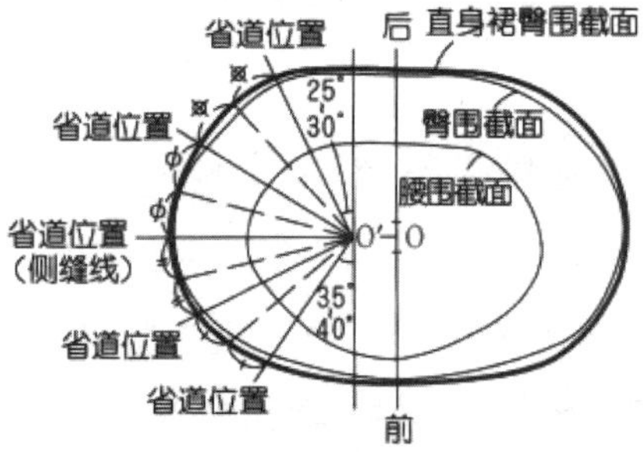

图 3-2-4　腰省道位置的确定（两个省道的情况）

（二）省量的大小

确定省道的位置后（如图 3-2-5（1）所示，前片为一个省道，后片为两个省道），分别测量各省道中心线之间以及前、后中心线与相邻省道中心线之间裙装臀围与腰围的尺寸差，即各个省道的省量。设计师将重合图中得到的省量绘制在样板中，就可得到直身裙的结构图，如图 3-2-5（2）所示。图中省道位置是由截面图中从前、后中心线开始到每一个省道以及两个省道之间的距离来确定，对应在腰围线上分别为 a'，b'，…，e'，裙装臀围线上则是 a，b，…，e，则前裙片的省量即为 a'–a，后裙片的省量可以采用同样的计算方法。

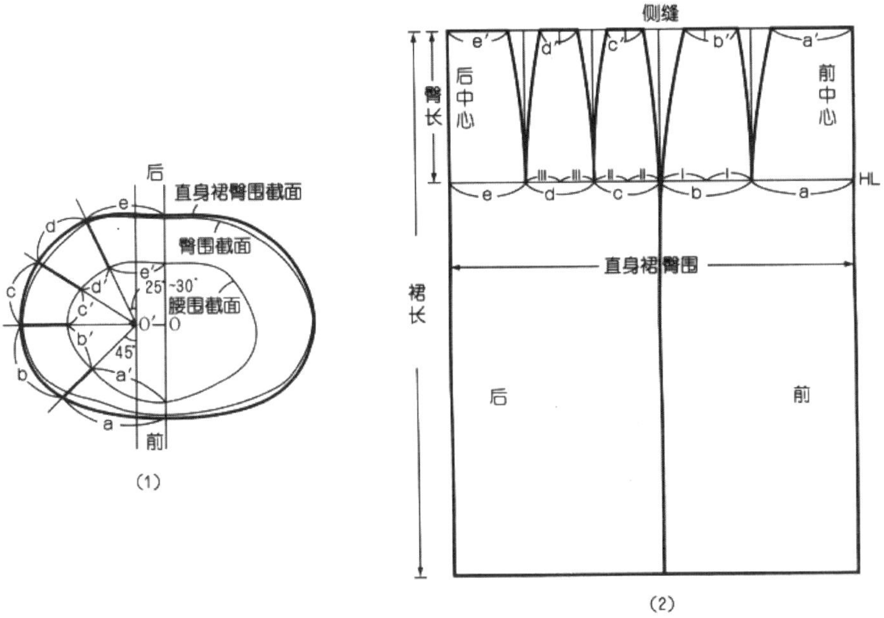

图 3–2–5　省量大小的确定

三、裙装腰围、臀围的松量与人体运动的关系

在日常生活中，随着人体下肢的各种运动，腰围、臀围等围度会出现变化量。因此在制作裙装时必须充分考虑到人体的需要，加入适当的松量，该松量一般取自人体在自然状态下的动作幅度。

四、裙装下摆围度与人体运动的关系

人体下肢在各种运动中的活动范围最大，下肢运动包括：双腿分开的走、跑、跳等动作以及双腿并拢的站立、坐下、弯腰等动作。对于裙装结构设计而言，必须适应下肢广泛的运动区域，如人在上台阶时，若裙下摆围度不足，人就会感到动作受阻，同时还可能损伤面料。因此在设计裙装时，必须充分考虑到裙下摆松量的需要。当裙长增长时，裙下摆围度尺寸必须随之增大，才能满足人体动作的需要。对于包裹人体下半身较紧的直身裙，当裙长超过膝盖，步行所需的裙摆量就会变得不足，所以必须在结构设计上加以弥补，可通过加入折裥或开衩等方法增大下摆活动量，开衩的缝止点可根据日常生活的动作确定，一般在膝围线以上18～20cm 的位置。

五、裙装腰围线与人体腰臀部位的关系

采用立体裁剪的方法，能得到直身裙的立体形态。虽然裙装处于水平状态，但是它与人体的前部、侧部和后部的臀高不完全相同，因此裙装腰围线在前、侧、后呈现出不同高低的曲线。由于人体的自然腰围线在后腰部呈稍下落的状态，腰围线在后中心也会呈现稍微下落的状态，一般下落 0.5～1.5cm（常取 1cm），在侧缝处增高 0.7～1.2cm，还要根据省道缝合后的状态对裙装腰围线进行修正。

六、裙装外形轮廓构成原理

（一）裙侧缝线倾斜度与人体的关系

裙装外形轮廓的变化主要表现为裙侧缝线倾斜程度的不同：当裙侧缝线斜度在臀高位以下呈直线或略向内倾斜时，裙外形轮廓与人体的关系密切；当裙侧缝线斜度在臀高位以下向外倾斜时，裙外形轮廓与人体的关系随着倾斜程度的变化而变化。

（二）裙侧缝线倾斜度与裙装外形轮廓的关系

裙侧缝线倾斜度变化与裙装外形轮廓具有相关性，根据其变化轨迹，可以将裙装的外形轮廓分为两大类：合体型轮廓与非合体型轮廓。

1. 合体型轮廓的特征

裙腰省是合体型轮廓最明显的特征，裙侧缝线在臀高位与人体贴近时，侧缝线在腰围处就会产生多余量，为了满足人体腰围合体的需要，在结构上要将多余量分散在腰口线上处理为裙腰省。裙腰省量的大小与裙侧缝线的倾斜度有关，首先，随着侧缝线倾斜度的加大，裙腰省量逐渐变小，直至消失；其次，合体型轮廓腰省量大小的变化是以中臀围高位为基点旋转变化的。

裙臀围控制量的变化是合体型轮廓最明显的特点，裙侧缝线在腰围高位与人体贴近时，侧缝线在臀围处就会产生多余量，在结构上表现为臀围放松量加大、裙装贴体程度减弱。裙臀围控制量的大小与裙侧缝线的倾斜度有关，首先，随着侧缝线倾斜度的加大，裙臀围控制量逐渐变大；其次，合体型轮廓臀围控制量大小的变化是以中臀围高位为基点旋转变化的。

2. 非合体型轮廓的特征

无裙腰省是非合体型轮廓最明显的特征，随着侧缝线倾斜度的加大，裙臀围松量逐渐变大，裙装的非合体程度渐渐加强。

裙臀围控制量的变化是非合体型轮廓最明显的特点，裙臀围控制量的大小与裙侧缝线的倾斜度有关，随着侧缝线倾斜度的加大，裙臀围控制量逐渐变大；其次，非合体型轮廓臀围控制量大小的变化是以腰围高位为基点旋转变化的。

（三）裙装外形轮廓结构构成原理

1. 合体型轮廓

（1）基础图形

基础图形是合体型轮廓裙装中贴体程度最高的形态，因此，基础图形是合体型轮廓的裙装，其典型款式为直裙，如一步裙、旗袍裙等。

（2）部分省量闭合的结构处理

合体型轮廓在基础图形的基础上，作部分省量闭合的结构处理。以省尖点为旋转点，当省量部分闭合时，臀围变大、摆围变大、侧缝线的倾斜度增大、裙装的合体度减弱，其典型款式为 A 字裙。

2. 非合体型轮廓

（1）省量闭合的结构处理

非合体型轮廓在基础图形的基础上，作省量闭合的结构处理。以省尖点为旋转点，当省量全部闭合时，臀围变大、摆围变大、侧缝线的倾斜度增大。裙装的轮廓变化为非合体造型，其典型款式为斜裙。

（2）展开的结构处理

非合体型轮廓在基础图形的基础上，再进一步展开的结构处理。以腰口确定旋转点，当侧缝线倾斜度加大时，臀围变大、摆围变大、裙装轮廓的非合体度加强，其典型款式为斜裙和圆裙。

（四）裙装外形轮廓造型构成分析

裙装属围裹式服装，裙装的基本结构由腰围、臀围、摆围及臀高、裙长组成，其造型结构的构成方法各有特点。

1. 裙长的构成

裙长的规格变化幅度较大，从超短裙到在脚面之上任何长度的裙装都可作为生活中穿着的裙装，裙长规格的确定主要受裙装造型变化的影响。

2. 臀高的确定

臀高的规格变化幅度较小，臀高高度的确定不受裙装造型变化的影响，主要与人体身高关系密切（0.1 号 +1cm）。臀高的高度为了满足人体的体型要求，在人体的前、后、侧有微量的差别。其中，前中臀高的高度为 0.1 号 +1cm，后中臀高的高度为前中臀高 −1cm，侧臀高为前中臀高 + 侧缝起翘量，以侧臀高的高度为最高。

3. 腰围的确定

腰围的规格变化幅度较小（半截裙），腰围是裙装围度规格中数值最小的。腰围规格的确定不受裙装造型变化的影响，腰围的放松量在 1～2cm。腰围加入放松量的原因一是人体活动的需要，人处于站姿与坐姿时，腰围会有所变化；二是人体生理的需要，吃饭前后人的腰围会有所变化。

4. 臀围的确定

臀围的规格变化幅度较大，臀围就人体净体规格而言是围度规格中数值最大的。臀围的成品规格受裙装造型变化的影响很大，合体型轮廓臀围的放松量在 4～8cm，非合体型轮廓臀围的放松量在 8cm 以上。

5. 摆围的确定

摆围的变化幅度很大，摆围是围度规格中与人体无关的规格，仅与裙装造型有关。摆围最小可小于臀围 14cm 左右，当摆围偏小影响人体活动时，设计师可设计开衩加以调节。

第三节　纸样设计在裙装结构设计中的创新应用

一、裙装纸样分割原理及应用

（一）分割造型的原则

有人认为裙装的分割造型是纯粹的装饰，这种理解是片面的。裙装最终是穿着在人体上，因此，裙装的分割造型与人体的形体特征有着密切的关系。

首先，分割造型设计要以结构的基本功能为前提，结构的基本功能是使服装穿着舒适、方便，造型美观。因此，裙装分割造型的设计是非随意性的。

其次，竖线分割是使裙装分割造型与人体凹凸点不发生明显偏差的基础上，尽量保持平衡。

最后，横线分割，特别是在臀部、腹部的分割造型设计，设计师要以凸凹点为确定其位置的依据。在其他部位可以根据合体、运动和形式美的综合造型原则去设计。

根据裙装的分割造型原则，上一节谈到制约裙装廓型的因素是腰线曲度，分割裙设计也不能离开这一前提。重要的是设计师要把握分割裙的造型特点，分割裙设计要尽可能使造型表面平整，这样才能充分表现出分割的视觉效果。因此，一般分割裙多保持 A 型裙（半紧身裙）的廓型特征，在纸样设计中以 A 型裙的合身程度处理省，以半紧身裙摆幅度为根据，均匀地设计各分片中的摆量。当然，有些裙装的分割线并不是为了表现分割的造型，而是为了达到其实用的目的，这时，裙装的廓型无须保持 A 型特征。例如，因布幅宽不足以完成整圆裙而出现的分割线，就是基于布料的限制而作的分割；还有皮张的尺寸限制也是造成分割增多的原因。

上述的三个分割造型原则是带有共性的，适用于各种类型服装的纸样设计。设计师设计分割裙除了要遵循上述原则外，还要考虑所涉及裙装自身的特殊性。

（二）竖线分割裙的设计

下面根据竖线分割裙的实际设计，举例阐述分割的原则：

竖线分割裙就是我们通常所称的多片裙，如四片裙、六片裙、八片裙、十片裙等，也可对裙装进行单数分割，如三片裙、五片裙、七片裙等。无论是几片分割，根据造型原则作均衡分割的同时，要将腰臀差量（省）也均匀分配在分割线中。

另外，设计师在正式纸样设计之前，在操作方法上，特别是对纸样设计尚不十分熟练的初学者，要掌握这样一个步骤：首先，无论在图上反映的结构多么复杂，只要在基本纸样上，将图示的表面结构线复制到基本纸样中作分割，就会初步确定答案；其次，作分割线中的余缺、打褶等结构处理；最后，把根据基本纸样所设计完成的纸样分离出来，制成样板，这就是纸样设计的三步图：基本分割图、纸样处理图和纸样分离图。

1. 四片分割裙设计

按照平衡分割的原则，分割线应在前、后中线和两个侧缝上，因此可直接利用基本纸样的前、后中线和侧缝线作分割线。这种分割处理能使裙摆更平衡、腰臀差量分配均匀。制图方法：将前、后片中各一省的省尖下降到臀围线上，然后转移成裙摆量，并将移省后的前、后腰线修顺为 A 型裙结构。前、后片另一个省的二分之一分配到前、后中线的分割线中，剩余的省量分别分配到两个侧缝里，使全部省量并入分割线中。侧缝线外翘量采用转省增摆量的二分之一与收半省的侧缝顺接，要注意的是前、后中线分割线只并入省量，不增加裙摆，这是因为 A 型裙的前、后摆不宜翘起。裙摆加量的总和要掌握在 A 型裙和斜裙之间。最后设计净腰围的腰头，在后中线上端设开口搭门。A 型裙因转省增摆量而有充足的腿部活动空间，因此不需要设计开衩。

2. 六片分割裙设计

六片裙是以两侧缝为界，前、后各分三片。按照平衡的造型要求，前、后片的两条分割线，应在各片靠中线的三分之一等分点上，因此前、后中线处无分割线，用虚线表示。这种只考虑分割平衡的造型同服装合体原则并不矛盾。因为人体臀、腰的凸点排列在一线区域，因此分割线只要通过该区域就可以作余缺处理，当然根据造型需要也可以作不平衡分割。两省的分配应为：一个半省并入分割线，并在分割线上增加裙摆，摆量为侧缝增摆量的二分之一；另外半省并入侧缝，增加侧摆 4cm 并修顺侧缝线。

分割裙中侧缝和前、后所设分割线中，追加的裙摆量之间有什么关系？其前提是各增加了裙摆量之后，设计师所设计的服装应呈现 A 型裙和斜裙之间的廓型特征。如果按人体髋部特征衡量，其正面宽、侧面窄、截面呈椭圆形。半紧身裙的造型并不是追求正圆台体，而是椭圆台体。椭圆台体较平缓的部位是前、后身，越靠近侧体隆起越明显。从这个意义上说，越靠近前、后中线的分割线所增加的裙摆量越小，相反靠近侧缝的分割线，增加的摆量就越大。六片裙和八片裙都是根据这种平衡原则设计的，作为半合体的竖线分割裙，无论设计几条分割线，均适用此原则。同时它对应的腰线特征也是如此，即靠近前、后中线的腰线曲度小，两侧腰线曲度大。当然，这种结构处理更适合被用于较合身的裙装结构设计。

3. 八片分割裙设计

八片裙的分割以侧缝线为界，前、后各分四片。分配省时，将一个省并入四分之一分割线中，另一个省的二分之一并人前、后中线的分割线，另外二分之一的省作为修正侧缝线的省量。各分割线中的裙摆翘度分配应以侧缝增幅最大，四分之一分割线次之，前、后中线为零。

从理论上讲，裙装的竖线分割可以无限地分割下去，而且分割的单位越多造型越好，但是这对于实际生产、服装面料特性和结构本身都没有必要。关键是设计师要恰当地理解服装面料的性能和分割线的最佳结合与表现，掌握省和裙摆量合理分配的规律，让分割线与面料性恰到好处地结合才是结构设计的终极目标。

（三）裙装的育克与交叉分割

裙装的育克指在腰臀部作断缝结构所形成的中介部分，育克的设计往往以保持造型与人体的吻合为目的，表现出人体特有的轮廓。特别是腰臀部位更能显出其魅力，因为腰臀的曲线最能展现女性的轮廓之美。同时，在纸样设计中育克与竖线分割的结合会极大地丰富它的表现力。

过腰裙设计基本是要设计一个高腰的育克结构，因为过腰正置于腰部的一定区域内，其合身性则决定了分割线必须具有塑形的作用。所以，这时设计横竖分割线是必要的。

过腰中竖分割线是为作收腰而设计的，下边育克线离臀省尖4.5cm，高腰线设定后（6cm），以下边育克的位置对应设计确定过腰侧边的收腰状态。过腰的竖分割线中用一个半省收腰，处理成菱形结构，剩余的半个省可以在侧腰缝中去掉，也可以含在过腰中为松量。也就是说，过腰结构可以保留一小部分松量，这是它的实用功能所决定的，而且过腰的范围越大，越要考虑腰部的松量问题。过腰与下半部分的连线需稍有弧度并与侧缝线构成直角。育克线以下部分的剩余省移成裙摆，或直接加大弯线余省在侧缝修掉使上、下断缝线长度相同。最后增加侧摆3cm并修顺侧缝线，修正过腰上边线并与侧腰线为直角。

过腰裙设计在裙装的横竖分割中是最有意义的，如果运用相同结构线可以合并的方法，过腰裙的设计仍有很大的优化空间，不过它更多的是与各种打褶结合使用，这种设计可以使裙装的样式更加多姿多彩。

二、裙装纸样施褶原理及应用

（一）自然褶裙的设计

1.波形褶裙

波形褶裙无论是功能性的，还是装饰性的，其设计思路都出自增加裙摆的变化原理。即影响裙装外形的是裙摆，制约裙摆的关键在于腰线曲度，如果将其应用到单位分割的局部波形褶结构中也适用这个规律。

波形褶裙的整个设计还是属于紧身裙，为了改变以往一般紧身裙的形式，一般采用在下摆两侧作直线分割的波形褶设计，使其达到功能性和装饰性的统一，更利于行走。在纸样设计中，除去波形褶的部分，其设计方法仍和紧身裙的处理方法相同。关键是被分割的波形褶部分，要正确判断褶量再修正它。可以应用切展的方法，褶量增加得越多，其对应分割线的曲度越大；对应线分割的形式越复杂，其变形也就越大，但其总长必须保持不变。

如果用曲线和直线结合的形式分割波形褶裙，通过切展增褶处理，会使线的变形更为复杂。因此，设计师熟练地掌握切展方法是非常重要的。

2. 缩褶裙

缩褶裙比波形褶裙的变化更为丰富，因为它的使用范围较广。例如，它可以取代省的作用，也可以结合波形褶的表现效果。在设计原理上它与波形褶结构相反，即裙摆的对应线，正是要增加褶的线，因此，该线的变形与波形褶裙摆对应线曲度相反，而且缩褶量增加得越多，其反差越大。

育克缩褶裙的廓型与A型裙相似，腰部设较窄的育克，育克相接的前身断缝是缩褶部位；后身作部分育克和余省保留的处理，前身缩褶的纸样处理是在余省的基础上追加设计量确定的。对缩褶造型的理解主要体现在设计量的选择上，重要的是当随意设计缩褶量时，必须考虑变形后的纸样边线和角度应能够被还原到最初的分割形式上。自然放褶量不宜太多，如本例的增褶量是2.5cm，加上余省构成全部缩褶量。当设计完成之后，它所影响的夹角、侧缝长度等应当与原分割相同。

实际上省移原理具有普遍性，只要不失其作用，省就可以有不同位置的多种形式选择，缩褶就是省移原理最常见的表现形式。

由于波形缩褶裙结构简单，设计时不需要借用基本纸样。裙装的腰部在增加缩褶量的同时，还要增加裙摆量（波形褶）。在加工时，要使腰部的缩褶量均匀地固定在腰头上，使裙摆自然形成波浪。不过，腰部缩褶量和裙摆波形褶量的设计，基本上取决于裙装造型要求，但是当裙摆褶量增幅更大时，则要采用内角均为90°的扇形结构。

（二）规律褶裙的设计

1. 普力特褶裙

当设计普力特褶裙时，须注意以下几个问题：

第一，在设计臀腹部的普力特褶时，要考虑省量在各褶中的均匀处理。

第二，各褶量从上至下，一般要平行追加，这主要是使布丝方向总是和任何一个褶保持一致，有条格的布料更应如此，因此，这种结构所形成的纸样呈长方形，可以使用料很多的活桐结构拼接自如，从而大面积节省布料。另外，暗褶量最大不能超过明褶两倍，否则会出现双重叠现象（这是要尽量避免的）。

第三，所有的褶裥都需要熨烫定型，因此，设计普利特褶裙应选择有一定化纤成分的混纺服装面料。

普力特褶裙的特点是褶的方向都倒向左手一边，而且整个裙装充满了褶，其臀腰部的褶比较服帖，褶摆自然打开排列。为此，在纸样处理上，臀腰之差不仅要平均分配到各褶中，而且要将腰至臀线上约 12cm 段褶缝采用缉暗线固定，这样可使臀部显得平整而丰满。以下活褶熨烫定型，因为布料的张力，没有被缉线固定的褶，从上至下自然打开。所以，活褶虽然是平行追加的，但这种特殊工艺使其成形后仍显出富有空间感的 A 型裙特征。

普力特褶裙的纸样设计，不需要利用基本纸样，因为设计师进行直接设计更简便容易，但设计师要始终牢记裙装的基本造型。

对于褶裥数量的选择，设计师可以随意而定，但无论设多少，腰臀差量都要设法均匀地追加到每个暗褶里。当然，不作用于合身的褶裥设计也就没有必要做这种处理。

局部普力特褶裙的造型基本采用紧身裙的结构，只是在腰部采用连腰（无腰头）设计。普力特褶不具备合身作用，因此只需要平行增褶便能达到其应有的功能。

2. 塔克褶裙

塔克褶裙可以说是缩褶裙和普力特褶裙的中介状态，即打褶明确而有规律，但成形后又显得随意自然，这主要取决于它的加工手法。

第四节　裤装分类与基本结构

一、裤装分类

裤装的造型多种多样，可根据裤装的臀围宽松量、裤装长度等对裤装进行分类。

（一）按裤装臀围宽松量分类

贴体风格裤装：臀围松量在 4～6cm 的裤装。

较贴体风格裤装：臀围松量在 6～12cm 的裤装。

较宽松风格裤装：臀围松量在 12～18cm 的裤装。

宽松风格裤装：臀围松量在 18cm 以上的裤装。

（二）按裤装长度分类

按裤装长度分类，裤装可被分为超短裤、短裤、中裤、中长裤、七分裤、九分裤、长裤等（见图 3-4-1）。

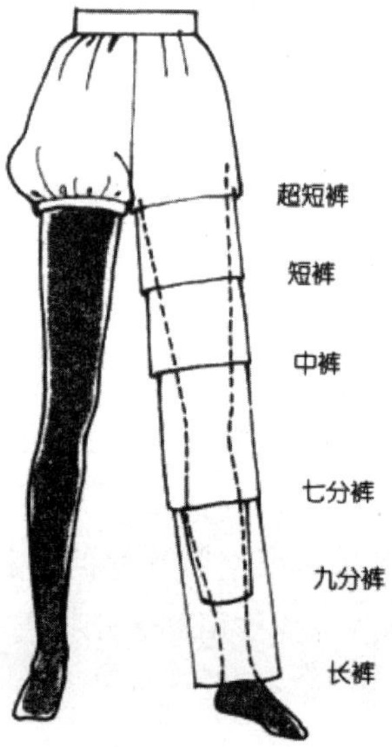

图 3–4–1　按裤装长度分类

（三）按裤脚口大小分类

直筒裤：中裆与裤脚口基本相等的裤装，裤脚口等于 0.2H～0.2H+5cm。

窄脚裤：中裆大于裤脚口的裤装，裤脚口小于 0.2H～3cm。

宽脚裤：中裆小于裤脚口的裤装，裤脚口大于 0.2H+10cm。

（四）按裤装造型方法分类

在裤装基本结构基础上，结合其他造型方法，可形成多种多样的裤装变化造型，两者之间的关系如图 3–4–2 所示。

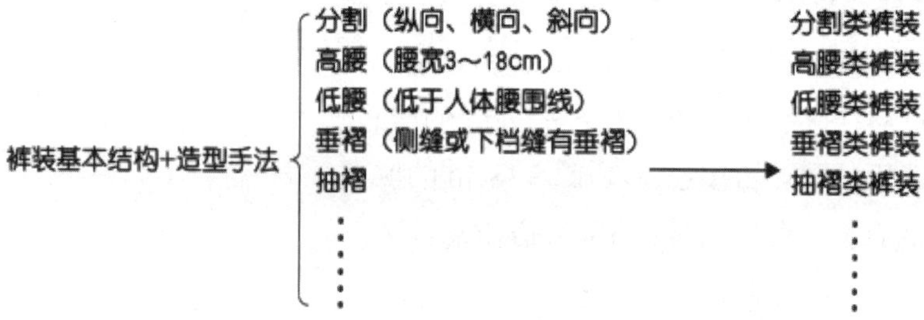

图 3–4–2　按裤装造型方法分类

（五）按裤装前袋造型分类

前插袋是裤装重要的设计部位，造型富于变化，按裤装前袋造型对裤装进行分类，如图 3-4-3 所示。

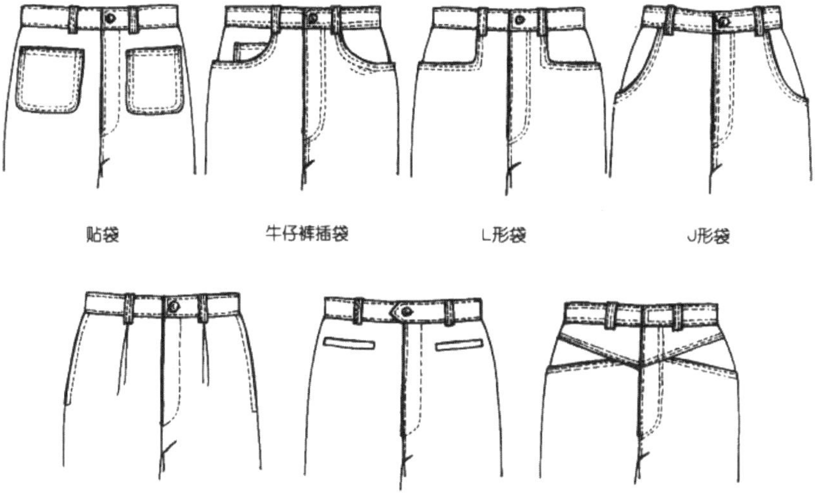

贴袋　牛仔裤插袋　L形袋　J形袋

侧袋　水平袋　小斜袋

图 3-4-3　按裤装前袋造型分类

（六）按裤装后袋造型分类

裤装后袋兼具功能性和装饰性，按裤装后袋造型对裤装进行分类，如图 3-4-4 所示。

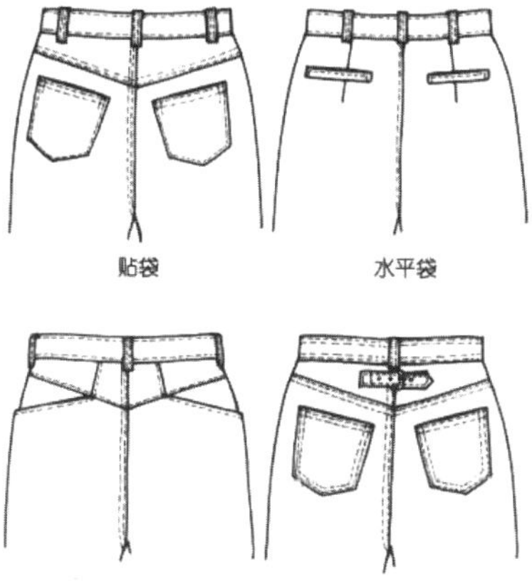

贴袋　水平袋

小斜袋　后拉袢

图 3-4-4　按裤装后袋造型分类

（七）按裤脚口造型分类

如图 3-4-5 所示。

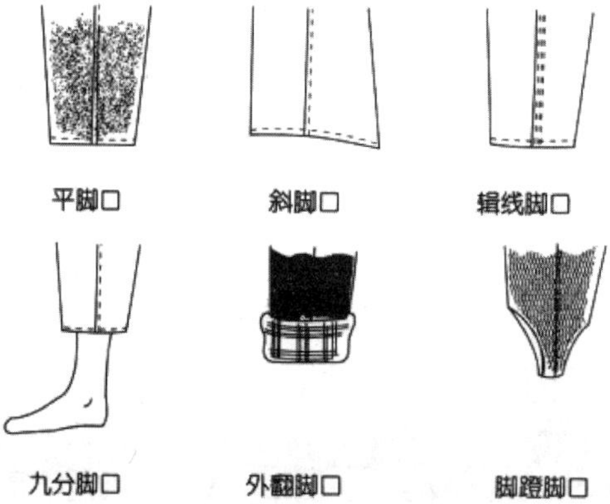

图 3-4-5　按裤脚口造型分类

在裤装多种分类方式中，按裤装臀围宽松量对裤装进行分类是裤装最基础、最重要的分类方式，是裤装结构设计的核心内容。以裤装基本结构为基础，结合各种造型方法，可形成各种裤装变化结构。

（八）变化结构类

1. 分割类裤装

基本结构类裤装 + 分割线（纵向、横向、斜向），成为分割类裤装。

2. 高腰类裤装

基本结构类裤装 + 高腰（腰宽 3～18cm），成为高腰类裤装。

3. 低腰类裤装

基本结构类裤装 + 低腰（腰宽小于等于零），成为低腰类裤装。

4. 垂褶类裤装

基本结构类裤装 + 垂褶（外侧缝连口或下裆缝有垂浪），成为垂褶类裤装。

5. 抽褶类裤装

基本结构类裤装 + 抽褶，成为抽褶类裤装。

在以上结构分类中，主要的结构分类是按裤装臀围宽松量为标准对裤装结构进行划分，这是裤装结构中本质的内容。因此，按这类结构分类方法分析裤装结构是最基本的，同时设计师学会在基本结构的基础上如何增加各种造型变化的方法也是十分重要的。

二、裤装基本结构

（一）直筒裤

直筒裤臀围较合体，裤筒较合体、呈直线形，造型流畅，能够弥补腿型的不足，是广受人们青睐的基本裤装款式。款式图如图 3–4–6 所示。

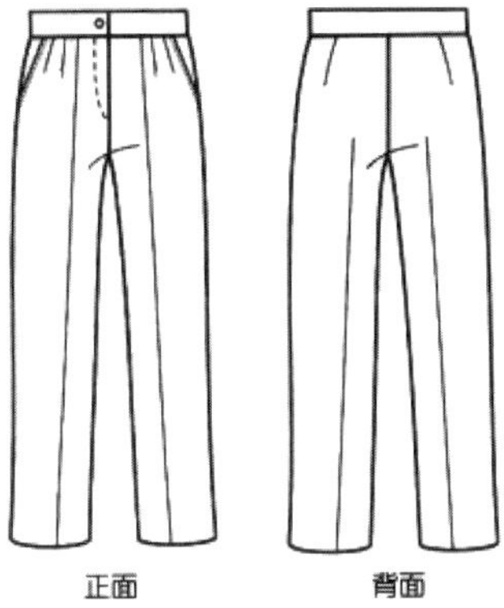

图 3–4–6　直筒裤款式图

1. 规格设计

W=W*+2cm=70cm；

臀围 =（臀围 *+ 内裤）+6cm−12cm=98cm；

上裆长 = 股上长 + 裆底松量 + 腰宽 =25cm+0.5cm+3cm=28.5cm；

裤长线 =100cm；

裤脚口 =0.2 臀围 +2cm=22cm；

总裆宽为 0.14 臀围（前裆宽为 0.035 臀围，后裆宽为 0.105 臀围）；

后上裆倾斜角为 12°。

2. 结构制图

结构制图要点如下：

① 根据臀长、上裆长、裤长等尺寸绘制腰节线、臀围线、横档线、裤长线等横向基础线。取前臀围为臀围 /4−0.5cm、后臀围为臀围 /4+0.5cm、前裆宽为 0.035 臀围、后裆宽为 0.105 臀围，作纵向基础线。

② 取前腰围为腰围 /4−0.5cm，前中心向内撇进 1cm，前腰中心下落 1cm，前侧缝向内撇进 1cm，其余前臀腰差量作为折锏和省量；取后裆倾斜角为 12°，后腰围为腰围 /4+05cm，后侧缝向内撇进 0.5cm，其余后臀腰差量作为省量。画

顺前、后裤片腰围线、上裆弧线和上裆部位侧缝线。

③ 作前挺缝线位于前横档中点处，后挺缝线位于后横档中点向侧缝偏移 1cm 处，取前脚口为裤脚口−2cm，后脚口为裤脚口+2m，中裆大小与脚口相同。连接横档，画顺内裆缝和侧缝线。

④ 根据前门襟辑缝明线的宽度，配置门襟、里襟样板。

⑤ 画顺各样片外轮廓线。

（二）连腰直筒裤

连腰直筒裤臀围较宽松，连腰，前裤片腰部加入折裥，腰侧部有斜插袋。脚口比较宽大并向外翻折，裤身为直筒造型的裤装款式。款式图如图 3−4−7 所示。

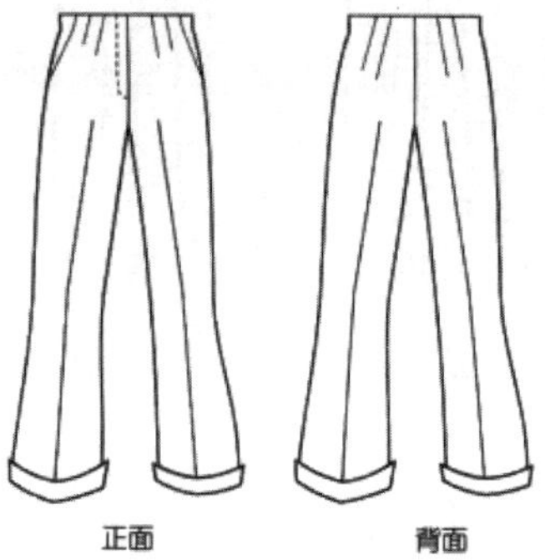

图 3−4−7 连腰直筒裤款式图

1. 规格设计

腰围 =W*+4cm=74cm（人体自然腰围线处）；

臀围 =（臀围 *+ 内裤）+8cm=98cm；

上裆长 = 股上长 + 裆底松量 + 连腰宽 =25cm+1cm+5cm=31cm；

裤长线 = 上裆长 + 下裆长 =98cm；

裤脚口 =0.2 臀围 +8cm ≈ 28cm；

总裆宽为 0.15 臀围（前裆宽为 0.04 臀围，后裆宽为 0.11 臀围）；

后上裆倾斜角 =10°。

2. 结构制图

结构制图要点如下：

① 根据臀长、上裆长、裤长等尺寸绘制腰节线、臀围线、横档线、裤长线等横向基础线。取前臀围为臀围 /4−0.5cm、后臀围为臀围 /4+0.5cm、前裆宽为 0.04 臀围、后裆宽为 0.11 臀围，作纵向基础线。

② 综合考虑前腰裥的个数和裥量大小，取前腰围为腰围 /4+0.5cm+ 裥量，前中心低落 1cm，侧缝撇进 2cm，画顺前腰弧线；取后裆倾斜角 10°，确定后腰起翘量，取后腰围为腰围 /4−0.5cm+ 省量，画顺后腰弧线。画顺前、后上裆弧线；前侧横裆处收进约 0.3cm，后侧横裆处收进约 0.7cm，画前、后侧缝线。

③ 将后腰弧线三等分，设置后腰省位置，作前腰弧线的垂线，设置前腰折裥位置，并画腰省线，平行腰线向上 5cm 确定连腰宽，延伸各省、裥至腰围线，修正高腰线处省端点位置，补足腰上口围度增大量；确定斜插袋的位置和大小。

④ 作前挺缝线位于前横档中点，后挺缝线位于后横档中点向侧缝偏移 1cm 处，取前脚口为裤脚口 −2cm，后脚口为裤脚口 +2cm，中裆比脚口分别小 2cm，与横档连接。确定后裆下落量，画顺内裆缝和侧缝线。

⑤ 平行腰线向下 3cm 确定腰贴边宽，闭合腰贴边省道，画顺腰贴边轮廓线。

⑥ 平行脚口向上 4.5cm 确定翻边宽，平行脚口线取 2 倍翻边宽画脚口线。

⑦ 设计袋布大小和形状，确定袋布样片。

⑧ 根据门襟辑缝明线的宽度配置门襟、底襟毛样板。

⑨ 画顺各样片外轮廓线。

（三）低腰直筒裤

低腰直筒裤臀围合体，无腰，腰线低于人体自然腰围线，腰内装贴边，腰侧部有斜插袋，脚口开口可装拉链，裤身为直筒造型的裤装款式。款式图如图 3−4−8 所示。

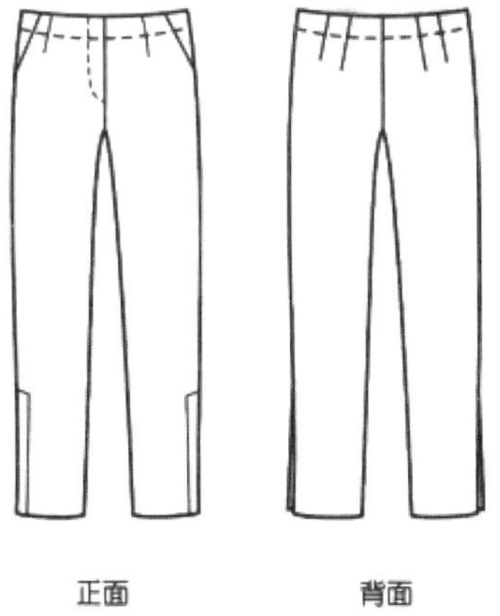

图 3−4−8　低腰直筒裤款式图

1. 规格设计

腰围 = 腰围 *+2cm=70cm（人体自然腰围线处）；

臀围 =（臀围 *+ 内裤）+4cm−6cm=96cm；

上裆长等于股上长 − 低腰量 =25−3=22cm；

裤长线 =94cm；

裤脚口 =0.2 臀围 +2cm ≈ 21cm；

总裆宽为 0.135H（前裆宽为 0.035 臀围，后裆宽为 0.1 臀围）；

后上裆倾斜角为 15° 。

2. 结构制图

结构制图要点如下：

① 根据臀长、上裆长、裤长等尺寸绘制腰节线、臀围线、横档线、裤长线等横向基础线。取前臀围为臀围 /4−1cm，后臀围为 H/4+1cm，前裆宽为 0.035 臀围、后裆宽为 0.1 臀围，作纵向基础线。

② 前腰围为腰围 /4+1cm，前中心向内撇进 1cm，前腰中心下落 1cm，前侧缝向内撇进 1cm，其余前臀腰差量作为省量；取后裆倾斜角为 15° ，后腰围为腰围 /4−1cm，后侧缝向内撇进 1cm，其余后臀腰差量作为省量。画顺前、后裤片基础腰围线、上裆弧线和上裆部位侧缝线，平行基础腰围线向下 3cm 作腰围线。

③ 作前挺缝线位于前横档中点处，后挺缝线位于后横档中点向侧缝偏移 1cm 处，取前脚口为裤脚口 −2cm，后脚口为裤脚口 +2cm，中裆大小与脚口基本相同，连接横档，画顺内裆缝和侧缝线。

④ 平行低腰线向下 4cm 作贴边线，闭合省道，画顺前、后腰贴边。

⑤ 根据前门襟辑缝明线的宽度，配置门襟、里襟样板。

⑥ 画顺各样片外轮廓线。

（四）牛仔裤

牛仔裤起源于 1850 年，是美国西部淘金者工作时穿着的裤装，因采用比较紧密结实的斜纹牛仔布制作而得名，因穿着方便而一直延续至今。牛仔裤腰围至臀围合体，膝部至脚口逐渐变宽，裤筒形成微喇叭造型。款式图如图 3−4−9 所示。

1. 规格设计

腰围 = 腰围 *+2cm=70cm（人体腰围线处）；

臀围 =（臀围 *+ 内裤）+4cm−6cm=94cm；

上裆长 = 股上长 － 低腰量 =25cm−4cm=21cm（含腰宽 4cm）；

裤长线为 94cm；

裤脚口 =0.2 臀围 +7cm=26cm；

总裆宽为 0.13H（前裆宽为 0.03 臀围，后裆宽为 0.1 臀围）；

后上裆倾斜角为 15°。

2. 结构制图

结构制图要点如下：

① 根据臀长、上裆长、裤长等尺寸绘制腰节线、臀围线、横档线、裤长线等横向基础线。取前臀围为臀围 /4−1cm、后臀围为臀围 /4+1cm、前裆宽为 0.03 臀围、后裆宽为 0.1 臀围，作纵向基础线。

② 取前腰围为腰围 /4+0.5cm，前中心向内撇进 1.5cm，前腰中心下落 1.5cm，前侧缝向内撇进 1cm，其余前臀腰差量作为省量；取后裆倾斜角为 15°，后腰围为腰围 /4−0.5cm，后侧缝向内撇进 0.5cm，其余后臀腰差量作为省量。画顺前、后裤片基础腰围线、上裆弧线和上裆部位侧缝线。

③ 平行基础腰围线低落 4cm 作腰围线，再向下截取腰宽 3.5cm，闭合前、后腰中的省道，画顺前、后腰。

④ 在后裤片作约克分割线，闭合省道。

⑤ 作前挺缝线位于前横档中点向侧缝偏移 1cm，后挺缝线位于后横档中点向侧缝偏移 2cm 处；根据款式特征，中档线应向上移，中档线距横档线 28cm。

⑥ 取前脚口为裤脚口 −1.5cm，后脚口为裤脚口 +1.5cm，中裆比脚口向内收进 2.5cm，与横档连接，画顺内裆缝、侧缝线和脚口弧线。

⑦ 根据前门襟辑缝明线的宽度，配置门襟、里襟样板。

⑧ 画顺各样片外轮廓线。

第五节　裤装结构设计原理

裤装包覆人体的腰臀部和腿部，该部位不仅与人体躯干运动密切相关，而且会随人体运动本产生较大变形。因此设计师需要了解与人体下肢部位相关的各种原理和裤装结构设计原理，特别是腰臀部的构造和形态，使裤装结构设计满足人体下肢静态及动态变形的需要。

一、裤装结构与人体下肢静态的关系

下肢主要部位横截面投影图如图 3-5-1 所示。在下肢体表上设定必要的投影点、线，通过投影设计师可求得腰围、臀围和大腿根部横截面的形态。

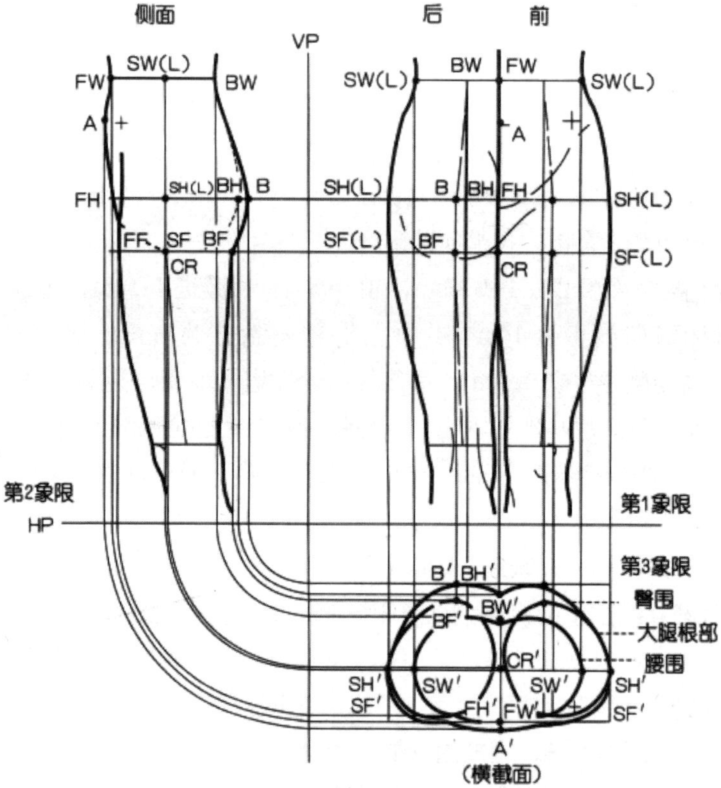

图 3-5-1　下肢主要部位横截面投影图

如图 3-5-2 所示，展开腰围、臀围和大腿根部的横截面，根据 W 的前、后面（FW’-SW’、BW’-SW’）和 H 的前、后面（FH’-SH’、BH’-SH’），求出裤装结构中 W 的前、后片宽（FW”-SW”、BW”-SW”）和 H 的前、后片宽（FH”-SH”、BH”-SH”）。以人体臀部正中矢状面形态为中间，在裤装臀围线上配置前片宽（FH”-SH”）、裆宽（FH”-BH”）和后片宽（BH”-SH”）。展开腹臀部纵向截面前、后臀沟线的实长（FW”-FH”-CR”、BW”-BH”-CR”），裆底部分大致沿着人体臀部正中矢状面的形状。在上裆部位加入松量，裤装臀围松量一般可分配为前部约为 30%，裆宽部约为 30%，后部约为 40%。

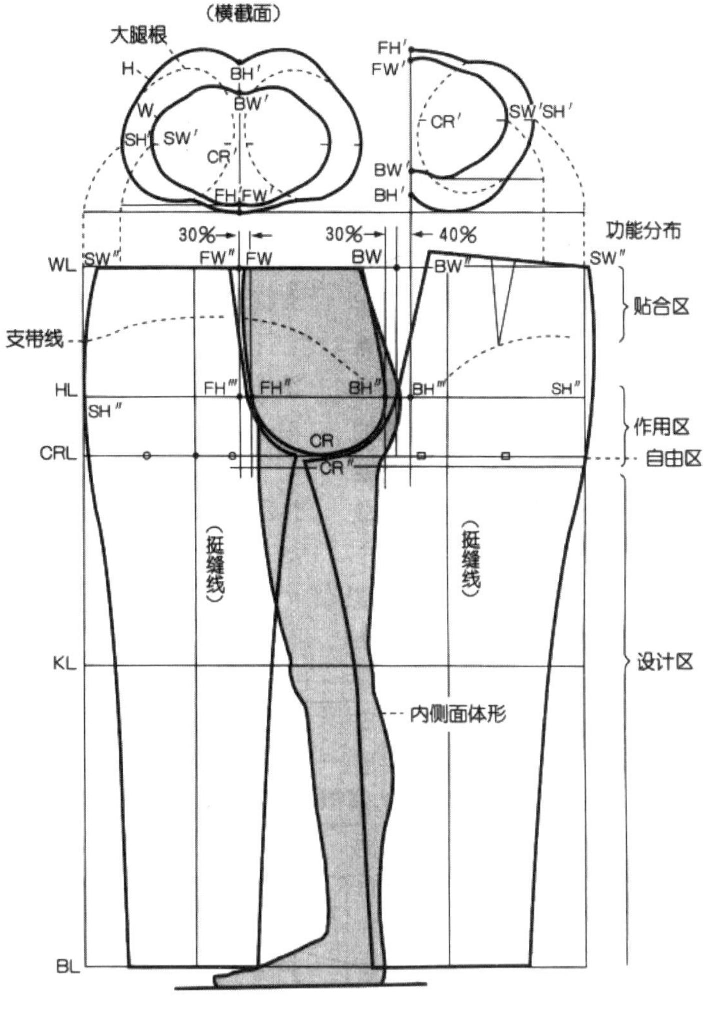

图 3-5-2　人体下肢形态的平面展开

根据人体下肢部位的特征，可衍生出裤装结构的功能分区：

① 贴合区：通过腰省或其他结构处理方法所形成的密切贴合区，是研究裤装贴合性的部位。

② 作用区：包括臀沟和会阴点部位，是研究裤装运动功能的重要部位。

③ 自由区：以调整前、后内裆缝的连接、人体会阴点与裤裆之间间隙为目的的区域，是可以在裤装裆部设计自由造型的部位。

④ 设计区：可进行裤装造型设计的部位，如图 3-5-3 所示，连接大腿根部

截面的最长矢径 FF'–BF'，通过臀侧部 SH' 作该线垂线，可得到裤装内裆缝的参考位置，该位置决定了裤装前后裆宽的分配。从图中可知，一般前后裆宽的分配比例约为 1 ：2，根据不同款式风格，设计师可对其进行适当调整。

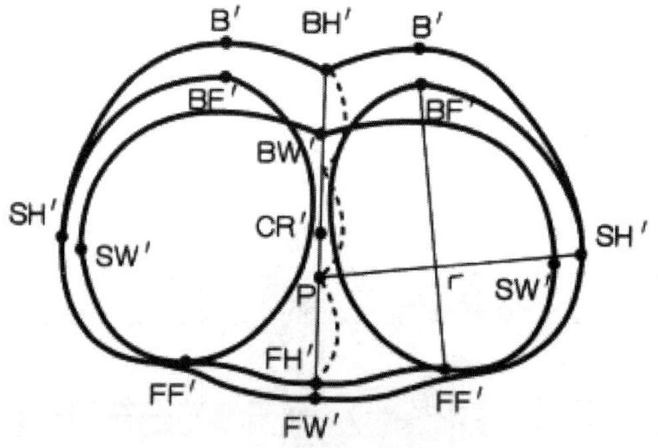

图 3–5–3 裤装前后档宽的分配

二、裤装结构与人体下肢动态的关系

人体运动时体表形态发生变化，并且通过人体皮肤与服装面料之间的摩擦作用引起服装的变形。在人体运动时，服装产生的变形量受到很多因素的影响：当人体部位与相对应服装部位之间的衣下空间大小不同时，服装产生的变形量也不同，松量大的服装变形量相对较小，反之则大；当人体部位与相对应服装部位面料的布纹方向不同时，服装产生的变形量也不同，斜料的变形量大于直料和横料；当内层与外层服装面料的摩擦系数不同，服装产生的变形量也不同，摩擦系数小的服装变形量小；对于同种服装面料、相同松量的服装，当结构形态不同时，服装产生的变形量也不同，尤其在裤装的上裆部位最为明显。

在日常生活中，由于人的膝部经常运动，皮肤的变形通过摩擦作用充分地转移到服装上，容易在裤装膝部引起服装面料的疲劳，形成不可恢复的变形（部分服装面料的变形可能恢复）。图 3–5–4 是将人体皮肤的伸展方向与裤装结构结合在一起，图中箭头所示的皮肤伸展方向即裤装产生拉伸变形的方向，从后腰部开始，经过臀沟、内裆部位的配置空间至膝部（图中斜线部分）。在这一区域内增大面积或距离，就会提高裤装的运动功能，特别是在后裤片腰臀部的纵向自由区与横裆线自由区的交叉部位（相当于臀沟处）增大面积最为有效。

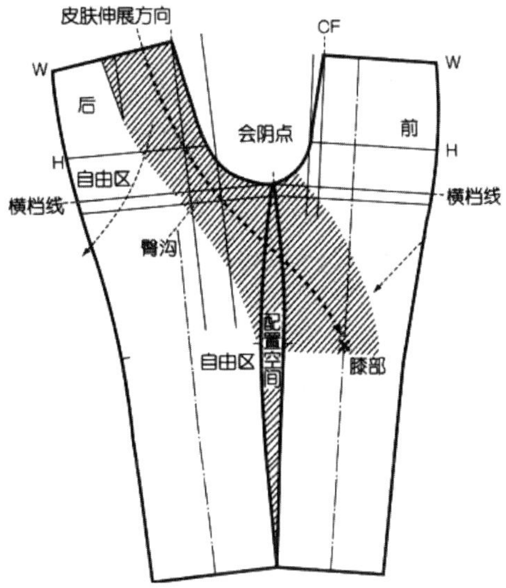

图 3-5-4　将人体皮肤的伸展方向与裤装结构结合

人体运动时，必然会使服装腰围、臀围的尺寸发生变化。因此，裤装结构设计也应考虑在腰围、臀围等部位增加适当的松量，以满足人体正常的运动需求。通常，裤装腰围松量为 0～2cm，臀围松量最少为 4cm。

三、裤装上裆部位运动松量的设计

据人体下体运动变形量分析，人体后上裆部位的皮肤运动变形率为 40% 左右，裤装伸展率为 17%，两者之差为 23%，则按标准体计算裤装运动变形量约为 23%× 裤上裆长（约 28～31cm）=5.5～6cm，这个量在裤装结构设计中是裤装后上裆运动松量 = 后上裆垂直倾斜角增大产生的增量 + 上裆长增量 + 服装面料弹性伸长量。

裤装结构的运动松量构成如图 3-5-5 所示，图中：●为后上裆倾斜增量；◎为后上裆长增量。●+◎+后上裆服装面料弹性伸长量 = 后上裆运动松量 R，裤装后上裆运动松量的处理方法有三种：

裤后上裆运动松量 = 裤后上裆倾斜增量●（用于贴体裤）。

裤后上裆运动松量 = 裤后上裆长增量◎（用于宽松裤）。

裤后上裆运动松量 = 裤后上裆倾斜增量● + 裤后上裆长增量◎（用于较宽松、较贴体裤）。

后上裆倾斜角的设计：裙裤类零；宽松裤类在 0～5°；较宽松裤类 5°～10°；较贴体裤类 10°～15°（常用 10°～12°）。

其中若服装面料拉伸性好且裤装主要考虑静态美观性时，后上裆倾斜角小于等于 12°。

若服装面料拉伸性差且主要考虑动态舒适性时，后上裆倾斜角取值趋向 15°。

生活用贴体裤常用 15°～17°；运动型贴体裤取 17°～20°。

后上裆长增量：裙裤类为 3cm；宽松裤类在 2～3cm；较宽松裤类在 1～2cm；较贴体裤类在 0～1cm；贴体裤类为零。

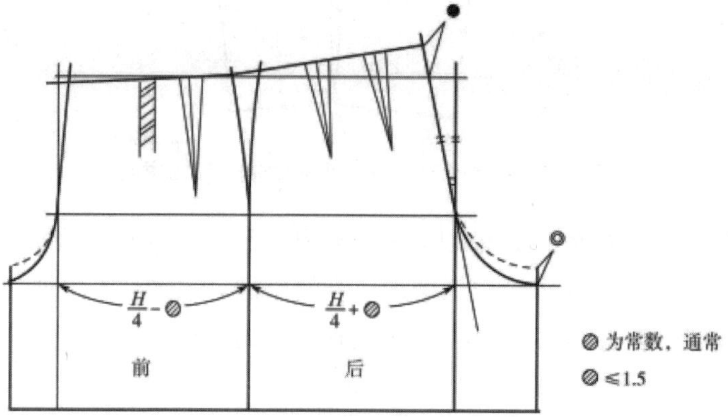

图 3-5-5　裤装上裆部位运动松量的设计

四、裤前上裆部位结构处理

裤前上裆部位的结构设计主要考虑服装在人体处于静态时能达到的合体性，人体前腹部呈弧形，故裤前上裆部位应适合人体，需要在裤装前部增加倾斜角，使裤前上裆倾斜。

前上裆倾斜角一般是在裤前上裆腰围处撇去约 1cm 的量。在特殊的情况下（如当腰部无省道、褶裥时），为解决裤装前部腰臀围差，撇去量可小于等于 2cm。

五、裤下裆缝结构处理

在做裤下裆缝结构处理时，裤装最大上裆宽 =AB+ 服装面料弹性增量 = 人体腹臀宽 + 服装面料弹性增量为 0.24 臀围，其前后下裆缝夹角为零，当裤装由裙裤结构向其他瘦腿型裤装结构变化时，其前后下裆缝夹角 α、β 增大，如图 3–5–6 所示。观察该图，将裤身折叠后，裆部发生旋转性位移，当裤下裆缝拼合时，上裆宽 AB 增大，增加量为 C'C”，故实际所需上裆宽可变化成 AB–C’C”。

当上裆宽为 AB–CC”，臀宽便可以设计得小些，这样既可以满足人体体型，又可使裤横裆量减小，造型更美观。故裤装上裆宽一般取（0.14～0.16）臀围，便可适应各种裤装需要。

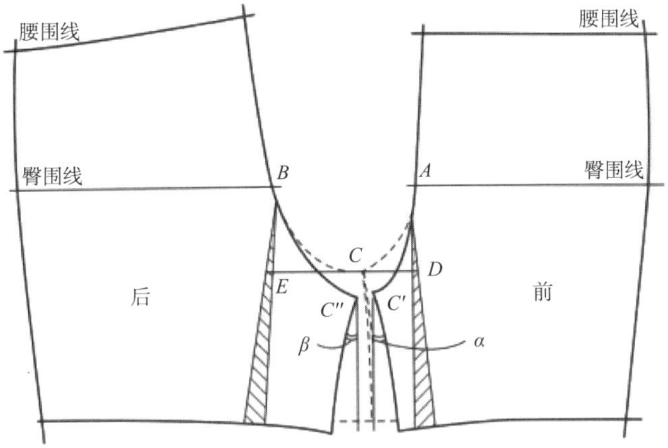

图 3–5–6 裤下裆缝结构处理

六、裤烫迹线的位置与造型的关系

裤烫迹线是裤身成形后，前、后裤身的成形线。裤烫迹线的造型有两种形式：一是前烫迹线为直线型，后烫迹线为直线型；二是前烫迹线为直线型，后烫迹线为凹凸状合体型。

（一）前后烫迹线均为直线型的裤装结构

前烫迹线位于前横裆，即外侧缝至前裆宽点的 1/2 处，后烫迹线基本位于后横裆，即外侧缝至后裆宽点的 1/2 处，这就是前后烫迹线均为直线型的裤装结构，此类结构为基本裤装结构。

（二）前烫迹线为直线型、后烫迹线为合体型的裤装结构

前烫迹线为直线型、后烫迹线为合体型的裤装结构，前烫迹线位于前横裆的

11/2处，后烫迹线位于后横裆的中点向侧缝偏移0～2cm处。偏移量与裤后烫迹线的造型有关，偏移量越大，后烫迹线的贴体程度越高。

后烫迹线偏移后，后裤片必须进行熨烫工艺处理。在下裆缝处进行拉伸熨烫，使凹陷状的下裆缝拉伸、拔开呈直线状，拉伸、拔开后将裤身部分向烫迹线处归烫。在侧缝上段进行归拢熨烫，使之呈直线状后向烫迹线处推开。这便可使成形（将烫迹线左右裤身按烫迹线位置折叠）烫迹线呈上凸下凹的弧形，凸状对应于人体臀突部，凹状对应于人体大腿部。

因为烫迹线偏移量越大，裤身归拔量也就越大。所以确定偏移量的大小应视裤装面料的拉伸性能而定，拉伸性能良好者偏移量可允许取大，反之则应取小。

（三）裤装前、后烫迹线偏移的结构处理

对于裤装前、后烫迹线偏移的结构处理，休闲风格的裤装烫迹线不需烫出，故常采用前、后裤烫迹线向侧缝偏移的结构处理。这样可使下裆夹角 $\alpha'+\beta'$ 大于原下裆夹角 $\alpha+\beta$，夹角增大既可使裤上裆宽减少（不减少则将增加成型裆宽），亦可增加上裆线的长度，改善裤装上裆纵向、斜向的运动舒适性。

前、后烫迹线的偏移量最大时可使前、后侧缝线呈直线状。此外有时裤烫迹线外观出现扭曲状，设计师就需对裤装前、后烫迹线分别进行一定量的偏移处理，这种处理结构的方法被称为裤筒旋转处理。前烫迹线可向侧缝方向偏移0～0.9cm，后烫迹线可向侧缝方向偏移0～1.5cm。

第六节　纸样设计在裤装结构设计中的创新应用

一、裤装基本纸样结构线的名称和作用

虽然裤装基本纸样结构线的名称很不统一，但是命名的依据都没有超出各线所处的人体位置和作用。

① 前腰线和后腰线。

裤装的前、后腰线也是根据其所处的人体部位而命名的，但它与其他腰线的作用不同。如裙腰线、衣身腰线多趋于平直，且前、后腰线结构相同，而裤装的前、后腰线结构不同，后腰线由于后翘的作用呈斜线状，这是出于为了避免裤装横裆的牵制而增加活动量的考虑，因此裤装后翘大小取决于人体下肢活动量的大

小，又与后中线斜度有关，它的增减也是以此为依据的。

② 前中线和后中线。

裤装的前、后中线和裙装的前、后中线名称相同，而结构形式和作用有所区别。裙装的前、后中线通常保持垂线状态，而裤子的前、后中线因为横裆的作用都有所变形。所以，传统的裁剪中将此线称为“立裆”或“上裆”“直裆”，主要是为了与横裆统一，并构成封闭的裆圈，这使得裤装结构变得复杂。

③ 前裆弯线和后裆弯线。

前裆弯线指通过腹部转向臀部的前转弯线，因为腹凸靠上且窄而不明显，所以弯度小而平缓，因此亦可称此为“小裆”。后裆弯线指通过臀部转向腹部的后转弯线，由于臀凸靠下而挺起，所以弯度较急而深，亦称“大裆”。

④ 前内缝线和后内缝线。

前、后内缝线指作用在下肢内侧的结构线，由于裤装的前、后内缝线是为下肢内侧设计的接缝，这两条线的曲度各有不同，后内缝线变化大而略短是为了拔裆的考虑，这样才能实现裤筒在臀部的立体效果。

⑤ 前侧缝线和后侧缝线。

前、后侧缝线是作用在髋部和下肢外侧的结构线，由于臀部挺度的影响，前、后侧缝线的曲度并不相同但长度相等。

⑥ 前裤口线和后裤口线。

前、后裤口线指前、后裤口宽线。因为臀部比腹部的容量大，所以，一般后裤口比前裤口要宽，以取得与臀部比例的平衡。

⑦ 前挺缝线和后挺缝线。

挺缝线是确定和判断裤装造型及产品质量的重要依据，它的品质标准是髀骨线以下的前、后挺缝线两边的面积相等。前、后挺缝线必须与布料的经向（直丝）一致。可见，前、后挺缝线虽然在结构上不起什么作用，但它对裤装造型的整体品质控制是很关键的。

⑧ 臀围线。

裤装的臀围线不同于一般结构的臀围线。因为一般臀围线的作用只能用来判定纸样臀部的位置，而裤装的臀围线除此之外还制约着裆弯的深度。也就是说，一旦确定了臀围线的位置，裆弯深度就被固定下来，即使臀围线以上部分变化很大，这段距离也不能改变，甚至裆弯的宽度有所变化，它也是比较稳定的。另外，当臀部形体起伏较大时，后臀围线还会改变其水平状态与之配合。

⑨ 前髌骨线与后髌骨线。

前、后髌骨线是以髌骨（膝关节）的位置确定的，它是裤筒造型设计的基准线。因为裤装的设计很少采用裤筒极为贴身的造型，所以它不起结构作用，只在外形上作为变化的参照坐标。前、后髌骨线可根据造型的需要上下移动，但值得注意的是，前、后髌骨线的变化应是同步的，所以前、后髌骨线的两端也是前、后内缝线和侧缝线的对位点。当裤筒的贴身程度较大时，前、后髌骨线位置不宜变动。

二、裤装基本纸样关键尺寸的设定

① 裤装基本纸样不同采寸的原因。

同是裤装的基本纸样而采寸各不相同，主要原因如下：

第一，裤装基本纸样的应用对象各不相同，采寸也因人而异，其主要依据是体型的差异。例如，美式女裤后中线斜度和后翘突出是为了适应美国妇女臀部较丰满和臀凸较高的特点，由此形成裤装前、后片结构反差较大，其造型特征比较暴露；而标准型和英式女裤则显得较含蓄、保守，这也说明个别体型的差异也会使采寸发生改变。

第二，根据不同的审美习惯，选择不同的采寸风格。美式女裤的放松量较大，说明美国妇女讲求实用性，追求喜好无拘无束的穿着体验；而英式女裤的采寸表明，英国妇女在很大程度上受到传统文化和习俗的束缚。

标准裤装基本纸样的采寸强调中庸而理想的实体，以便于广泛应用而不失其造型美，因此采寸较少使用定寸。可以说这种标准型本身是缺乏“个性”的，但是有助于设计师在应用时广泛发挥个性和创造尺寸风格。

第三，对人体和基本纸样结构关系理解的角度不同，采寸也就不同。例如，美式女裤的裆弯深度比英式女裤偏大，而且裆弯起点和侧缝凸度位置均靠上，这说明不同地区、不同设计师对人体基本纸样结构和采寸有不同的理解，当然这也与不同地区的体型特征和审美习惯有一定的关系。

标准裤装基本纸样裆弯深度的设定是用比例的方法确定的，而且前、后裆弯起点和侧缝臀部的凸点都在臀围线的两端。很显然，这是为了取得造型的标准化和提供更广泛的应用空间而设计的。

② 前、后裤片省量设定的原则。

前、后裤片的省量设定与裙装省量分配不同，这是因为裤子省量的设定不带有更多的拓展造型因素，而是要尽可能地接近实体，因此它有一定的局限性。然而，从英式、美式和标准裤装基本纸样的省量设定看也不相同，但是无论如何它们都遵循着一个共同的原则，就是前身的施省量都小于后身，而不能相反。这是由于人体臀部的凸度大于腹部这一特点所决定的，在这种原则基础上再进行省量的平衡，其结构都是合理的。

从人体腰臀的局部特征分析，臀大肌的凸度和后腰差量最大；大转子凸度和侧腰差量次之；最小的差量是腹部凸度和前腰。裤装基本纸样省量设定的依据就在于此。同时，为了使臀部造型丰满美观，设计师可以将过于集中的省量进行平衡分配。这就是后裤片设两省，前裤片设一省的造型依据。

③ 前、后裆弯结构形成的依据。

可以从裤装的基本纸样中发现，前裆弯都小于后裆弯，这是由人体的构造所决定的。

裤装基本纸样裆弯的设计形成与人体臀部和下肢连接处的结构特征密不可分。如果观察人体的侧面，臀部就像一个前倾的椭圆形。以耻骨联合作垂线，把前倾的椭圆分为前、后两个部分，前一半的凸点靠上为腹凸，靠下为较平缓的部分正是前裆弯；后一半的凸点靠下为臀凸，构成后裆弯。从臀部前、后形体的比较来看，在裤装的结构处理上，后裆弯要大于前裆弯，这是形成前、后裆弯结构的重要依据。另外，从人体臀部屈大于伸的活动规律看，后裆的宽度要增加必要的活动量，这是后裆弯大于前裆弯的另一个重要原因。由此看来，裆弯宽度的改变有利于臀部和大腿的运动，但不宜增加其深度，这就说明了立裆可减不能加的道理。

裤装基本纸样的裆弯设计，可以说是最小化的设计，是满足合体和运动最一般的要求。因此，当设计师缩小裆弯的时候，其作用就可能出现“负值”，这就需要增加服装面料的弹性，以取得平衡，用针织物和牛仔布等服装面料设计的裤装横裆变小就是这个道理。相反，当设计师要增加横裆量的时候，要注意三个问题：一是无论横裆量增加的幅度如何,其深度都不改变。因为裆弯宽度的增加是为了改善臀部和下肢的活动环境，深度的增加不能使下肢活动范围增大，而且容易适得其反，这个原理和袖子与袖窿的关系是一样的。因此裆弯的设计只有宽度增加的可能，而不能增加深度。二是无论要增加多少横裆量,都应保持前裆弯宽小于后裆弯宽的比例关系。三是增加横裆量的同时，也要相应增加臀部的放松量，使造型比例趋于平衡。例如，裙裤的横裆很大，同时裙裤臀部的放松量也应有所增加。实际上，从裙裤的结构来看，横裆量的增大，还会使其一系列的结构发生变化。

④ 后翘、后中线斜度与后裆弯的关系。

裤装基本纸样中的后翘度、后中线斜度和后裆弯所采用的比例关系被看成为标准的配伍或是中性设计。标准裤装基本纸样是按照合理的比例设计的，当我们应用标准纸样设计时，必须要根据造型的要求和对象的不同做出选择、修正，而这种选择、修正并不是随意的，而是依据它内在结构的制约关系进行的。

后翘实际是使后中线和后裆弯的总长增加，显然这是为臀部前屈时，裤装后身用量增大设计的。后中线的斜度取决于臀大肌的造型，它们的关系是呈正比的，即臀大肌的挺度越大，其结构的后中线斜度越明显（后中线与腰线夹角不变），后翘就越大，使后裆弯自然加宽。因此，无论后翘、后中线斜度和后裆弯如何变化，最终影响它们的是臀凸，确切地说就是后中线斜度的大小意味着臀大肌挺起的程度。其斜度越大，裆弯的宽度也随之增大，同时臀部前屈活动所造成的后身用量就多，后翘也就越大；斜度越小，各项用量就会自然缩小。由此可见，无论是后翘、后中线斜度还是后裆弯宽，其中任何一个部位发生变化，其他部位都应随之改变。

在此进一步分析，当横裆需要主观增加时意味着后中线斜度和后翘就要弱化处理以取得平衡，当增幅到一定量时（如后中线呈垂直），后中线斜度和后翘的意义就不复存在了。裙裤结构的后中线呈垂直状且无后翘，正是这种结构关系的反映。裙装结构中没有横裆，这种牵制作用也就完全消失了，裙腰线就可以按照人体的实际腰线特征设定，因此裙后腰线可以不设后翘。

三、裤装的保形与口袋布设计

判断裤装造型的好坏有两个重要指标：一是裤挺缝线是否顺直，实现这个指标的重要手段是保持样板的裤挺缝线与布料直丝方向的一致性；二是裤装臀腹部保形是否良好。所谓保形指在臀腹部位，裤装的结构和身体的严整性不因款式的变化而变化。这是衡量裤装造型及其板型、工艺技术的重要指标。保形性差的裤装有以下弊病：其一，裤装口袋的垫布向外翻，使白色的口袋布在袋口处时隐时现，不管在前腰部有褶还是无褶（牛仔裤）都是如此；其二，当裤装在前腰设褶时（一褶、两褶甚至三褶），由于保形问题没有解决，当实际穿着时（不穿时不易发现）因为人体反复运动，往往使褶打开后不能还原，导致前幅变宽，侧缝及口袋后移，这样无形中造成了裤装的臀部臃肿、前褶变小或消失、侧袋后移使用不便。

对于上述两个问题，作为消费者是无能为力的，问题出在设计师和样板师的工作上，不只是高档裤有保形问题、低档裤也有保形问题，这是成衣生产必须要考虑的质量问题，而目前我国一些设计师还没有把它作为裤装样板技术的普遍认识。通常情况下，外贸服装的客供样板为设计师提供了这种技术和工艺的参考，但因部分设计师没有真正去研究它的作用和价值，导致他们设计制作的裤装依然存在保形问题，这里有必要专门介绍裤装保型问题的解决办法。

解决的办法有两种：一是如果前腰打褶，可以在褶上缉 4～5cm 的明线使褶固定。二是将裤片打褶后，内层用口袋布设法与前门襟贴边连成整体，即口袋布尺寸前端部分（约 8cm）延长或增加另布至可以与前门襟贴边相连接，使口袋布将前褶固定，同时也牵制了口袋垫布，使其不易翻出。设计无褶裤装也可采用这种方法，只是不用考虑褶的因素，第二种方法是可以同时解决上述两个问题的最有效方法。

第四章　衣领结构设计

衣领是服装部件之一，也是整个服装的视觉中心。衣领围绕着颈部和脸颊，给人们以足够的空间设计绚丽多姿的领型，衣领的造型除了要与脸型、体型、服装造型风格和谐外，还需与环境、季节、流行趋势相符合。本章主要通过衣领分类及构成要素、无领结构设计、立领结构设计、翻折领结构设计、驳折领结构设计以及立体裁剪在衣领结构设计中的创新应用六个方面详细介绍了衣领结构设计。

第一节　衣领分类及构成要素

一、衣领分类

衣领种类繁多，分类方法多种多样。按领面大小对衣领进行分类，衣领可被分为大领、中领、小领和无领；按领座的高低对衣领进行分类，衣领可被分为高领、中领、低领和无领；按领座的侧部倾斜程度对衣领进行分类分外倾型、垂直型和内倾型；按衣领前部穿着状态对衣领进行分类，衣领可被分为前中开口型和前中连贯型；按领角的形态对衣领进行分类分为尖角型和圆角型等。[①]

按照基本结构，衣领可被分为无领、立领和翻折领。无领只有领窝，没有领身结构；立领分为单立领和翻立领，其中单立领只有领座部分没有领身结构，翻立领有领座和翻领两部分，且领座和翻领分离；翻折领包括领座和领面，另外根据其翻折线在前衣身的形状可分为直线型、弧线型、部分直线部分弧线型。[②] 按变化结构分为抽褶领、波浪领、垂褶领和连身领。

无论按何种方法分类，衣领构成的基本要素是一致的，主要包含领窝、领座、

---

① 王丽霞，田保云．影响衣领造型结构的相关因素分析 [J]. 攀枝花学院学报．2008，25（2）：83–85.

② 张文斌．服装结构设计 [M]. 北京：中国纺织出版社．2006.

翻领和驳头。在此基础上还包括一些其他要素，如领下口线、领上口线、领外轮廓线、翻折线、串口线、翻折止点。

① 领口领。

领口领又称无领型，指只有衣身领窝构成，以领窝部位的形状为衣领造型线的领型。领窝形状构成有 V 形领、U 形领、方领、船形领等，从结构的角度，又可将领口领分为前开襟型和贯头型。

② 关门领。

关门领指衣身第一粒钮扣可关闭的领型，包含立领和翻领。翻领由竖立的衣领底领和折倒的衣领翻领两部分构成，底领很小的翻领也称平贴领，因此，翻领可分为平贴领和翻折领；根据领外线的形态不同，可把关门领分为小方领、尖角领、小圆领等。

③ 开门领。

开门领即驳折领，其衣身驳头上第一粒钮眼作为看钮或插花钮，起装饰作用，开门领因衣身驳头上钮眼呈敞开状而得名。它由底领、翻领和驳头三部分组成，由于翻领和驳头的外观造型不同，开门领又可被分为不同的领型，如平驳折领、戗驳折领、青果领等。

二、衣领结构设计要素

衣领结构设计涉及衣身领窝、衣领领座、衣领翻领和与衣身相连的驳头结构等设计要素。

① 衣身领窝。

衣身领窝结构是构成衣领的基础，是安装领身或自成无领造型结构的重要部位。

衣身基础领窝指衣领安装的基本部位，是接近各种衣领安装位置的人体部位，即自颈椎点经过颈侧点到颈前点，是衣领结构设计的基础。

由于颈部有僧帽肌和胸锁乳突肌，使颈部能随肌肉运动完成前后屈、侧屈和回转运动。统计资料表明，颈部做前屈运动时，最大运动角为 49.5°，后屈时最大角为 69.5°；侧屈运动时左方最大运动角为 43°，右方最大运动角为 41.9°；颈部回转运动时，左右方最大运动角均为 74.2°。尽管这些运动能引起皮肤的伸展收缩及部位尺寸变化，但仅仅是在颈前点和颈椎点附近产生较小的动态变形，为此，一般基础领窝设计的依据即为静态的颈围值和形态而忽略动态的微小变化。

基础领窝的满足条件：基础领窝的形态必须符合人体的颈根形状；基础领窝

的总长度等于衣领的下口线长度；基础领窝的总横开领与总直开领之比为常量。

② 衣领领座

是翻领结构中单独构成底领或与翻领连成一体的底领部分，也可单独形成领身的立领结构，领座高低是影响衣领结构设计的要素之一。

③ 衣领翻领。

与领座缝合或与领座连裁成一体的领身翻折在外的部分叫衣领翻领，翻领宽度及翻领尖圆度的造型也是衣领结构设计的要素。

④ 驳头。

驳头是与衣身相连，且翻折在外的衣身门襟上部部位。驳头造型、宽窄参数及驳折线的直弧形态都将影响衣领结构设计。

第二节　无领结构设计

无领是指没有单独领结构的领型，其领口形状丰富多变，既有一字领、U 形领、V 形领、鸡心领、不对称领型等，又有原身领、挂颈领，悬垂领等。

一般的无领只要在基本纸样的领口设计出新的领型即可，但值得注意的是，领口的前颈点、侧颈点、后颈点是服装在人体上垂挂的着力部分，如果领口处裸露过多，上述三个点都远离人体相应位置，会出现衣服容易从肩部滑落的弊病。因此，前颈点、后颈点和侧颈点的位移应保持一定的联接关系，达到平衡。

还需注意的是，当领口开得较大的时候，往往出现前领口不伏贴的敞开状态，需要提前在纸样上将不伏贴的浮余量作为省量处理掉。

① 一字领。

由于一字领的设计要求，衣片前颈点会出现溢出基本纸样净领口的情况。因为基本纸样净领口基本与人体吻合，加上颈部向前活动量较大，所以前颈点向上抬高的尺寸不宜太大，以免影响穿着活动性能。

② 开口较大的圆领。

开口较大的圆领基本纸样是具有一定放松量的成衣纸样，在前胸位置上也有一定松量。当领口较大的时候，会出现领子不紧贴身体的问题，造成不必要的裸露。应当在画纸样的时候，对其进行提前处理。方法是在领口增设一个大小为 1.5cm 的省，用转省的方法将这个省转移至腋下省内，与腋下省一起处理。这时领口尺寸减小，能够更好地贴合人体。

③ 原身领。

原身领外形像立领，却没有单独的领结构，因此原身领可被认为是一种无领。原身领由领至衣身的衔接过渡没有分割，十分完整，显得优雅端庄，适合作为女套装领型。设计师在在进无领行结构设计的时候，需要直接在衣身颈围线上画出领子，应特别注意尺寸，尽量保守，以免采寸过大，影响颈部活动。常见后领宽不超过 25cm，前领口加大，弥补活动量。

第三节　立领结构设计

立领是与颈部贴合程度较高的领型，在衣身上端直立，不翻折。立领常被认为是东方式的领型结构，其造型简洁、严谨保守，适合在职业装、礼仪服装等正式服装上使用。

一、立领结构原理

立领是只有领座，没有领面的领型，造型简洁，是旗袍、中山装的专用领型，现在已经成为中式服装的经典结构之一。以立领结构为基础，可以推演出其他领型包括平领、企领等。

先针对立领的结构进行一个试验，立领类似一个矩形，立领下口线即领底线要与领口线缝合，因此长度要相等，前领口长度为“○”，后领口长度为“△”，矩形长“○＋△”，宽为立领高度。将此立领裁片缝合在领口后，成圆柱状态，但人体颈部上细下粗，立领也需要符合这一特征。领底线长度不能变，但领上口线需要缩小，可以将上口线靠近前中部分以捏省的方式折叠，以符合颈部上口围度，折叠后的矩形后半部向上弯曲。因此，合理的立领样板外形是略有上抬的弧形，此结构也称为“上翘”。

以立领结构造型为基础再来分析领型的变化，立领造型是内收状态，样板是上翘的。当领型更加内收或者外展时，则变化出各种领型，我们即可从中了解领型结构变化原理：

其一，当领口开大，立领可更为内收，样板上翘值应该更大；当立领内收状态平贴于肩部时，领底线曲度与领口线曲度相等，立领成为明贴边。

其二，当领型外展时，其领上口线不需要符合颈部结构，即不需要减小，而是要加大。领底线长度依然不变，加大领上口线长度，其结构样板就呈现下弯状态，因此，外展领型样板不是上翘，而是下弯。当领型更加外展，领面增大时，有一部分领面支撑不住就会翻下来，这样就形成了领座与领面，领型则演变为连裁企领，其样板的下弯值也会越大，从中可以总结出，领子越向外展，下弯值越大，领面则越大，领座则越小。领子继续外展，当领面完全翻折平伏于肩部时，领底线与领口线曲度相同、方向相反，立领则演变成平领。

从以上变化可以总结出上翘值、下弯值与领座、领面之间的变化关系，也是领型结构造型的关键，在各种领型结构设计中需要对此进行灵活运用。

二、直角式立领

直角式立领可近似看成一个圆柱形，其展开的平面是一个长方形，长方形的长为衣身的领围，宽为后领领宽。

三、锐角式立领

锐角式立领可近似看作圆台形，其展开的平面为环形。以前中心线为断开线，则后中心线位于环形的中间。以后中心线为纵轴，环形切线为横轴。

锐角式立领的结构制图仍然取右半部分，可发现锐角式立领的结构仿佛长方形两端向上翘起。起翘量越大，翘起程度越明显，领上口线越短，领子收得越紧，越紧贴颈部。相反，起翘量越小，越接近长方形，领上口线越长，领子越松，越远离颈部。

四、钝角式立领

当起翘量落在纵轴下方的时候，立领呈现上大下小的倒梯形，这就是钝角式立领。因为面料具有一定重力，除非使用硬衬等作为支撑，否则钝角式立领很难保持形态，所以这种领型在日常生活中比较少见。但钝角式立领可变成连体翻领，与连体翻领在结构上是一样的，可以认为这是一种领型的两种穿着状态。

第四节　翻折领结构设计

翻折领属于关门领，通常第一粒钮扣呈关闭状态。翻折领由底领和翻领两部分构成，当底领部分不为零时，称为翻折领；当底领部分几乎为零时，是翻折领的极限状态，称为平贴领；领外线的形态不同，可得到不同的领型，翻折领的领圈结构可直接选用基本领圈或由设计师根据造型修正。

一、偏襟领

设计偏襟连翻领，需选用衣身原型并修正领圈，前横开领开大 0.5cm，后横开领开大 0.7cm，前直开领开落 3.5cm，偏襟量为 6.5cm。

当底领量较小时，可用重叠法近似获得偏襟领，将前后肩线重叠 3cm，领中后领圈处追加 0.5cm 座势量。

二、海军领

海军领一般为平贴领，可用重叠法设计海军领。

在衣身原型上视领的款式修正领圈结构，前横开领开大 0.5cm，后横开领开大 0.7cm，按图示开落前直开领，前后肩线重叠 2cm，后领宽 14cm，后领长 17cm，后领保持直角。

三、大翻领

设计大翻领时，设计师可选用衣身原型对其进行设计，当款型并不要求领外缘线绷紧、饱满时，前后肩线无需重叠，叠门宽应为 7.5cm。

第五节　驳折领结构设计

一、单排平驳头驳折领

设底领宽 n 为 3cm，（底领宽一般不超过 5cm，以免影响颈部运动），翻领宽设为 m，m=4cm，（翻领宽必须大于等于底领宽，以免装领线外露），颈侧角 $\alpha=96^\circ$，单排平驳头驳折领可采用基本领圈进行设计，并且不考虑撇门。

二、单排戗驳头驳折领

戗驳头驳折领的结构设计方法类同平驳折领的设计方法，只是造型不同。

三、单排青果驳折领

设计单排青果驳折领在前、后衣身原型基础领窝上，前、后横开领各开大1.5cm。设底领宽 n 为 3cm，翻领宽 m 为 4.5cm，颈侧角 α 为 100°。

在前衣身上，作叠门宽平行线 2.5cm，在止口线上距腰节线 8cm 处确定驳折止点 E；过新颈侧点 A，作射线 AB 为 n，n=3cm。因横开领开大量较大，射线夹角可取 100°，在肩线上找 C 点，使 BC 为 m，m=4.5cm，延长肩线，使 CD=BC，D 为驳折基点，连接 DE 为驳折线。

过 C 点设计单排青果领造型如图 4–42，选驳折线为对称轴，映射得到前片领外缘线。

延长驳折线，使 DF=n+m，量取 AC=△，则翻领松度 GF=1.2△，GD=FD 得到 GD 线。作 GD 平行线，相距量为 n=3cm 底领宽，取后领弧长得到 I 点，过 I 点作垂线 IJ=n+m，与前片驳折领映射结构线连顺；由于单排青果领无串口线，衣身直开领的高低位置取值较随意，按图完成装领线与前领圈的修正。

单排青果领的挂面 10cm 宽，后领贴边 3.5cm，由于单排青果领领面无串口线，领面与挂面连成一体的特殊性，为了解决领面与衣身领圈的重叠问题，需将前片挂面 ALRS 插入至后片，如图 4–5–1。

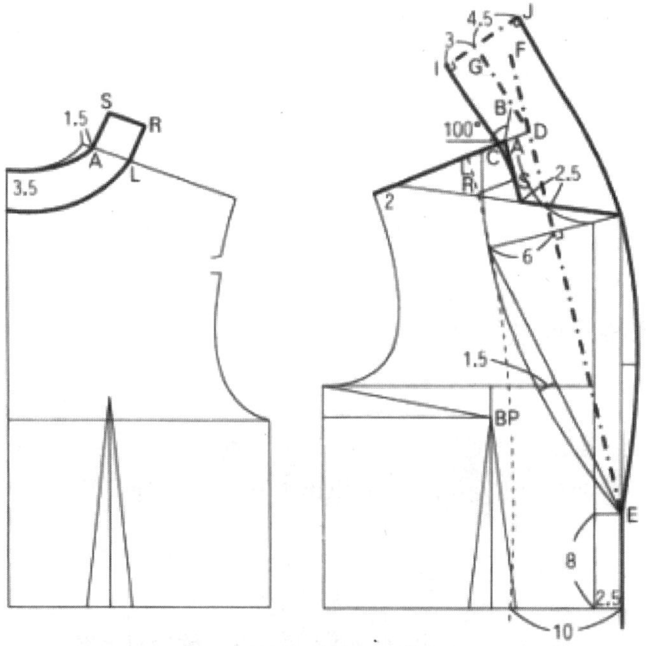

图 4–5–1　单排青果驳折领

第六节　立体裁剪在衣领结构设计中的创新应用

一、原身领

（一）款式解析

原身领是一款与衣身连在一起的特殊领型，其衣片曲面的改变是通过在颈部位置的分割线和省道等结构来实现的。当原身领的领宽比较窄时，立领面与衣身面的转折角度较小，可不用设计领口省道，而转移到肩缝来承担结构的实现。当领宽较宽时，立领面与衣身面的转折角度较大，单纯由肩缝来实现结构则是不可以的，这时需要设计领口省道来帮助设计师使原身领成型。

（二）坯布设计

原身领坯布设计如图 4-6-1 所示。

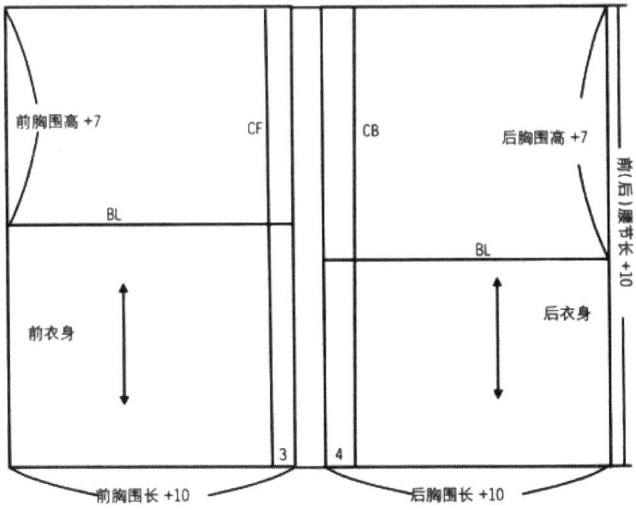

图 4-6-1　原身领坯布设计图（单位：cm）

（三）操作步骤

① 用色带在人台上标记好后领形线。

② 制作前片颈部的省道。

③ 标记领后中线。
④ 从侧面观察省道位置并调整。
⑤ 将画好胸围线和前中线的领布固定于人台上。
⑥ 用色带确定前领口造型线。
⑦ 对前衣片作点影记号或贴标识线。
⑧ 得到前领片，取下修片。
⑨ 将画好标识线的后领布对准后中线并固定。
⑩ 为使衣身平服，在腰处打剪口，并在后领部位做出省道。
⑪ 在后领布上作好点影并修剪领片。
⑫ 得到后领片，取下修片。
⑬ 修好领片后装上人台，完成原身领的裁剪。
⑭ 原身领的背面造型。
⑮ 完成领片描绘的平面图。

二、单立领

（一）款式解析

单立领围绕于人体颈部，领型直挺，给人感觉干净、利落，且在功能上具有一定的保暖作用。单立领是单一条状，自然包裹颈部，是一种常见的、与人体颈部形态相吻合的领型，是衣领领形中的重要组成部分。单立领从造型上可分为直立领、向内倾斜型立领、向外倾斜立领。

（二）坯布设计

单立领坯布设计如图 4-6-2 所示。

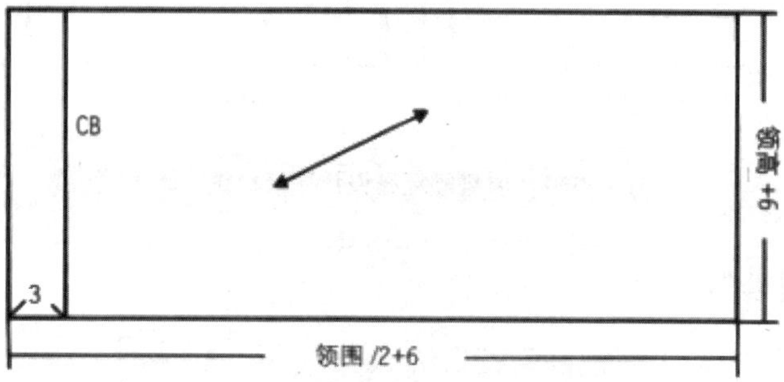

图 4-6-2　单立领坯布设计图（单位：cm）

（三）操作步骤

① 在前衣身上确定前领窝线。

② 在后衣身上确定后领窝线。

③ 将预裁好的领布的后中线对准衣身后中线。

④ 将领布沿颈侧部推抚至前衣身。

⑤ 从人台侧面观察领形线是否顺直。

⑥ 用大头针固定领布，确定领下口线。

⑦ 用色带确定领角造型，用点影确定领下口线。

⑧ 转到人台正面，确定前领下口线。

⑨ 将领布取下，修片，得到的立领领片。

⑩ 在整理平伏好的领布上用色带粘贴领形线。

⑪ 完成立领的正面造型。

⑫ 完成立领的背面造型。

⑬ 完成领片描绘的平面图。

第五章　衣袖结构设计

本章从六个方面介绍了衣袖结构设计，分别为衣袖结构分类、衣袖结构设计要素、袖山结构设计、袖身结构设计、圆装袖结构设计以及立体剪裁在衣袖结构设计中的创新应用。

第一节　衣袖结构分类

衣袖结构种类，按袖山与衣身的相互关系可分成若干种基本结构，在基本结构上加以抽褶、垂褶、波浪等造型手法即可形成衣袖的各种变化结构。

一、按基本结构分类

① 圆袖。

圆袖的袖山形状为圆弧形，与袖窿缝合组装衣袖。根据其袖山的结构风格及袖身的结构风格可细分为宽松、较宽松、较合体、合体的袖山及直身、弯身的袖身等。

② 连袖。

连袖是将袖山与衣身组合连成一体形成的衣袖结构，按其袖中线的水平倾斜角可分为宽松、较宽松、较合体等结构风格。

③ 分割袖。

分割袖是在连袖的结构基础上，按造型将衣身和衣袖重新分割、组合形成新的衣袖结构。按造型线分类，可分为插肩袖、半插肩袖、落肩袖及覆肩袖。

二、按变化结构分类

在基本结构上运用抽褶、波浪、垂褶等造型，即形成了衣袖的变化结构。

① 抽褶袖。

抽褶袖是在袖身、袖口部位单独或同时抽缩，形成皱褶的袖类。

② 波浪袖。

在袖口部位进行拉展、扩张，可以形成飘逸的波浪袖。

③ 垂褶袖。

在袖山部位折叠，袖中线处拉展，可以形成自然的垂褶袖。

④ 折裥袖。

在袖山、袖身中作折裥，可以形成有立体感的折裥袖。

⑤ 收省袖。

收省袖是在袖山上作省道，使部分袖山套入肩部形成的袖。

第二节　衣袖结构设计要素

衣袖结构设计合理与否，影响到衣袖本身和服装整体的造型风格。因此，在进行衣袖结构设计时，必须结合人体动、静态功能需求和衣袖造型的风格，考虑衣袖袖山结构和袖身结构的设计要素，如袖窿弧长、袖山弧长、袖山高、袖肥和袖长等。

袖山结构是衣袖造型的重要部位，按宽松程度可将衣袖结构分为宽松型、较宽松型、较贴体型和贴体型四种。袖山结构涉及衣身的袖窿结构和袖片的袖山结构，二者需风格一致才能相匹配。

一、衣袖结构线的名称

衣袖的、结构线、基本型是各种袖型变化的基础，尤其对女袖而言，衣袖的结构线更为重要。在样板设计前应掌握衣袖结构线的名称，如图 5-2-1 所示。

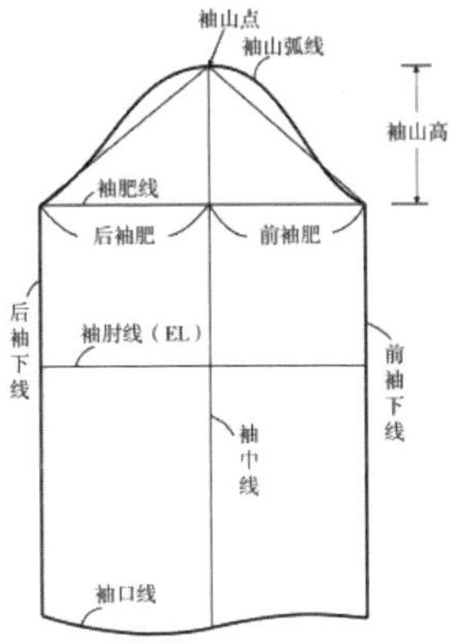

图 5-2-1　衣袖结构线的名称

二、衣袖的测量部位

衣袖的测量部位主要包括袖长、上臂围、袖肘围、手腕围、手掌围，具体测量方法如下（亦可参照项目一中的模块二“人体测量”）：

① 袖长手臂呈自然下垂状态，从肩点向下量至手腕点或所需长度。

② 上臂围在上臂最丰满处水平围量一周。在设计师绘制合体袖型时，此部位尺寸很重要。有弹性的面料可直接采用测量得到的数据，其他面料需加放一定松量方可使用。

③ 袖肘围手臂自然下垂，通过肘关节突出点水平围量一周，并加放一定的松量后使用（亦可将手臂弯曲取得其数据）。

④ 手腕围沿手腕桡骨突出部位围量一周，所得到的尺寸是确定袖口尺寸的依据。

⑤ 手掌围将拇指往掌内收进，在手掌最宽处围量一周，所得到的尺寸是确定袖口穿脱方便的依据，也是确定服装口袋大小的依据。

三、放松量

衣袖放松量也称袖系松量和袖系松值，它不是简单地表示衣袖某一部位的实际松量，而是用定性定量的形式来解释衣身袖窿和衣袖关系的重要数据和方法。

如今，服装已经时装化，除了日常服和较正规的制服外，造型独特的服装袖型纸样设计要根据其款式确定，并不是根据比例法计算。

现代服装追求衣袖穿着时的舒适性、衣袖造型的平衡合体性以及最广泛的适应性，这已成为服装袖型结构设计的重点。在具体操作中，较多采用开深袖窿、改进前胸后背的造型和减窄窿距等新技术、新工艺。

四、连身袖的结构设计原理

连身袖的结构设计原理是以一片式圆装袖结构为基型，沿袖中线将前、后袖片分离，取前袖片的袖山顶点与前衣片的肩端点重合，因为连身袖与衣片连裁，缺少了装袖的袖山、袖窿结构，也就不可能有袖山和袖窿的契合关系，这就成为连身袖结构的独特之处。所以，连身袖结构设计的要点主要集中在以下两个层面：

（一）连身袖袖中线倾斜角度，夹角的调控

对连身袖袖中线倾斜角度，夹角的调控决定着连身袖肩部造型，同时也成为

影响连身袖合体度及手臂运动功能的主要因素。

① 宽松式连身袖：当衣身肩斜线的延长线与袖中线形成的夹角在 20° 以内时，衣身袖窿弧长与袖山弧线之间存在着较大间隙量，为保证服装结构的连体性，修顺侧缝线与袖内缝线即可，此时连身袖呈宽松状态，手臂具有良好的运动功能。手臂自然下垂时，肩部与腋下产生皱褶，肩部则有一定的紧绷感。

② 合体式连身袖：当小肩线与袖中线的夹角在 22° ～40° ，衣身袖窿弧长与袖山弧线之间的间隙量减少，腋下的重叠量增加，此时连身袖呈合体状态。

③ 紧身式连身袖：当小肩线与袖中线的夹角继续加大，控制在 41° ～60° 。衣身袖窿弧长与袖山弧线之间的间隙量减少直至消失，腋下的重叠量进一步扩大，此时连身袖呈紧身贴体状态。

（二）腋下活动量的补缺，插角的设计

对于腋下活动量的补缺，插角的设计而言，因为连身袖中线夹角的增大，腋下重叠量的增加，袖内缝的长度则会大大减小，使手臂的活动性机能减弱，所以需要切开腋下部分，展开腋下重叠量，另外插入袖裆结构（插角）以弥补袖内缝的长度，使腋下部分得以放松，确保手臂运动自如。腋下插角的设计，目的是解决合体式及紧身式连身袖服装腋下穿着的舒适性、合体性与运动功能性间的矛盾。

插角有整片与两片之分，两片式插角又可分为垂直式、水平式两种。

五、插肩袖结构设计原理

在服装结构设计中，任何造型的衣袖，都是以袖窿尺寸为依据，无论是合体造型还是宽松造型，所设计的衣袖结构必须与身型的袖窿尺寸相吻合。在插肩袖结构设计中也不例外，需掌握其基本原理，把握好袖与身型的关系、确定袖山的高度、调整袖中线倾斜角度及设计好插肩分割线，这是决定插肩袖结构、外观造型、控制插肩袖服装人体手臂运动舒适度的关键。

（一）插肩袖袖山高的确定

袖山高是制约插肩袖结构设计的基本因素，插肩袖与圆装袖具有相同点，即袖山高制约着袖子的结构。在绘制圆装袖时可知，圆装袖造型中袖山的高低影响着袖子的肥度，袖山高越低，袖肥越肥，而袖腋下线随着袖山的增高变短，这个原理也同样适用于插肩袖的结构设计。在合体式插肩袖的基础上，改变袖山高就可以改变袖肥的贴体度，即增加袖山高，会使袖肥减少、袖腋下线变短、衣袖呈

贴体状；反之，减少袖山高，会使袖肥加大、袖腋下线增加、衣袖呈宽松状。

贴体的袖子外观造型美观无皱褶，但穿着时会因其缺少手臂活动空间而感到不舒适；相反，宽松的袖子穿着时活动的空间大，舒适性好，但当手臂自然下垂时衣袖则呈现出许多褶皱，腋下重叠的多少是造成这种情况的关键因素。

（二）袖中线的倾斜角度

要实现贴体式插肩袖的造型美观及穿着舒适度还需考虑另一个因素：袖中线的倾斜度。

在插肩袖结构中，袖中线的倾斜角度制约着袖子的造型，袖子与身型肩点的角度不但影响袖与身型的造型状态，同时决定着人体的活动空间。在确定袖中线的倾斜角度之前，要先考虑人体肩点与臂部的关系，当手臂自然下垂时，臂部与肩点呈现一定厚度，当人体手臂抬起至叉腰状态时，此时的厚度会相对变小，但在绘制纸样时，此部位的尺寸不能省去，其数值可根据款式的需要确定，通常在0.5～2cm。

通常，将合体式插肩袖的袖山与身型的角度定为45°，这是因为人体叉腰时，其手臂的倾斜度约为45°。根据此原理，合体式插肩袖的袖中线常采用45°的倾斜度，此角度制成的纸样既能保证外观造型的美观性，又能保证穿着的舒适性。如需增加活动量，减少倾斜角度即可；反之，如需强调外观造型的美观，忽略其活动量的需求，则可加大倾斜角度。

袖中线的确定还需要考虑人体手臂下垂时自然前倾的因素，后袖片的倾斜角度应小于前袖片，所以后袖片的倾斜角度需在前袖片倾斜角度的基础上上提1cm。

（三）设置插肩线的分割线

插肩线的分割线常以衣身前、后腋点作为分割的控制点，以此点将插肩线的分割线分成上、下两部分，而且两部分在结构设计上具有不同的规律。

1. 插肩线上方的形态

通常按服装款式进行设置，可以是斜插肩式、半插肩式、横插肩式、过插肩式等。考虑到人体向前运动，前胛骨处凹陷，为了合体插肩袖型的美观，可以将省处理在插肩线中；宽松式插肩袖，省的作用减弱，可以不考虑。

2. 插肩线下方的形态

肩胛骨和手臂是人体上肢运动的关键点，尤其在人体腋点以下，活动的摆幅更大，插肩袖的插肩线下方的结构设计遵循圆装袖的结构设计规律。

① 合体式插肩袖：前袖窿底弧线曲率大于后袖窿底弧线曲率，袖山底弧线与袖窿底弧线形态完全一致。

② 宽松式插肩袖：袖窿深度增加，袖窿底弧线曲率变小，袖山底弧线曲率也相应变小。前袖窿底弧线与前袖山底弧线、后袖窿底弧线与后袖山底弧线的差异变小。

第三节　袖山结构设计

袖山是衣袖造型的主要部位，其结构种类按宽松程度分为宽松型、较宽松型、较贴体型、贴体型和极贴体型五种。袖山结构包括袖窿部位的结构和袖山部位的结构，因其两者是相匹配的，所以风格必须一致。

一、袖山结构

袖山指袖山顶点至袖山深线的曲线幅度，袖山幅度的高低制约着袖型的改变，对衣袖从宽松到贴体起到关键作用。

① 袖山形状与人体的关系。人体上肢靠近肩部是一个曲面，臂根横截面似椭圆形，其周长最大，也称为上臂围，臂围加上一定的空隙量可确定袖肥；肩端至腋窝间的长度是确定袖山高的依据，将上臂根线展开，加入肩部的吃势和一定松量，便能得到袖山的基本型。

② 袖山高与袖窿的定位。依据手臂腋窝的水平位置，衣袖基本型可分为袖山高与袖管两大部分。为了穿着舒适便于活动，衣片的袖窿深线设置在人体的腋窝稍向下处，因为袖山深与袖窿的位置相对应，所以袖片也要在腋窝处稍向下量取袖山高以确定袖窿深线，袖窿深线可设置在腋窝下方 2cm 处。

③ 标准袖山高的确定。袖山高的计算常以袖窿弧长为依据，经过长期实践和理论确认，标准袖山高的计算公式以袖窿弧长 /3 来确定。之所以采用袖窿弧长 /3 为袖山高，其意义在于构成的袖筒与衣身的角度接近 45°，对照人体工程学原理，这种状态正好是人体手臂既不抬高也不悬垂的中间状态。

二、袖山高与袖肥的关系

① 袖肥的确定。袖肥大小的确定应先考虑手臂能否进出袖子，通常其最小值

要保证袖肥在容纳上臂围最大尺寸的基础上加放至少 1cm 的空隙量，将袖子展开成平面后再增加 4～5cm 的松量。若考虑人体的活动机能及款式的需求，其松量还可适当增加。

② 袖山与袖肥的关系。袖山弧长的取值是通过袖窿弧长得来的，这种配袖方法比较科学，可以确保衣袖与袖窿的吻合。原则上袖山弧长与袖窿弧长应该是相同的（暂不计算缩缝量），否则不能缝合，可这并不意味着衣袖的造型只有一种选择，虽然袖山与袖窿的长度不能改变，但袖山深的取值在满足基本需求的基础上是可以变化的，从而导致袖肥也发生变化。即在袖窿弧长值不变的情况下，袖山越高，袖肥越瘦；袖山越低，袖肥越肥，因此袖山与袖肥的关系成反比。

从袖山结构的立体角度看，袖山高制约着衣袖和衣身的贴体程度，袖山越高，衣袖就越瘦而贴体，腋下无多余褶皱，合身舒适，肩部造型鲜明，袖子外形美观，但不宜活动，适合于活动量不大的礼服、制服和较庄重的服装；反之，袖山越低，衣袖就越肥而宽松，腋下容易堆褶，肩部造型模糊而含蓄，但活动方便，更适合于活动量较大的便装。

三、袖山高与袖窿的关系

通过上述分析可了解到，袖山与袖肥呈反比关系，但无论袖山与袖肥怎样变化，袖窿的形状并没有改变，严格地说这是不符合舒适和运动功能要求的，也不能达到较理想的造型要求。按照袖山高制约袖肥和袖贴体度的原理，它也应该对衣身的袖窿状态有所制约，因为袖子总是要与衣身缝合的，所以袖窿理应与袖山、袖肥的造型相匹配。

袖山高低与袖窿深浅的关系如下，根据合体度对袖窿的制约规律，在选择低袖山结构（宽松袖）时，袖窿的深度应大、宽度应小，呈窄长形，袖窿弧线也随之变缓；相反，选择高袖山结构（合体袖）时，袖窿则要浅并贴近腋窝，其形状接近基型袖窿的椭圆形。

随着衣身胸围放松量的逐渐增加，袖窿逐渐加深，肩斜线会随之抬高，肩端点的位置需向外移动，那么与此相对应的袖山部位也应随之进行调整，降低袖山高，增加袖肥和袖筒尺寸，服装整体造型从合体、严谨变为宽松、随意。

为了使袖山造型饱满、圆顺，袖山要有适当的缩缝量，这个缩缝量的大小与以下因素有关：

① 与袖山斜线倾角有关。袖山斜线倾角越大，袖子就越瘦，成型后的袖中线

与袖窿夹角就越小，需要有足够的缩缝量，为使袖山饱满，缩缝量应相应多些，反之可少些，缩缝量与袖山斜线倾角的度数成正比。

② 与袖窿弧长有关。袖窿弧长与袖山弧长成正比，按比例计算，当袖窿弧长增加时，缩缝量也就增大，因此缩缝量与袖窿弧长成正比。

③ 与面料的薄厚、织纹组织的疏密有关。较厚的面料和经、纬织纹组织疏松的面料，缩缝量应多些；轻薄的面料、织纹组织紧密的面料，缩缝量则应少些。

④ 与垫肩厚度有关。垫肩越厚袖山头下部的凹陷越明显，则需有充足的缩缝量来补充，因此缩缝量与垫肩厚度成正比。

四、袖山弧线与袖窿底部弧线的对应关系

对于合体式袖型，要使衣袖装缝后与衣身吻合，除了袖窿与袖山的弧线比例正确、线迹圆顺外，还有一点比较关键，即衣袖的袖底要与袖窿底部弧线吻合。造型合体、平服的衣袖，其底部与袖窿弧线非常相似，呈吻合状，否则就会出现底部堆积余褶的现象，西装、套装袖型基本属于此类。造型宽松、肥大的袖型则底部不必吻合，形状上可以有较大的差异。

五、袖窿部位结构

袖窿部位是衣身上为装配袖山而设计的部位，其风格不同，结构亦不同。一般人体腋围为 0.41B*，为了穿着舒适和人体运动的需要，袖窿周长 AH=0.5B±a（a 为常量，随风格不同而变化，常取 2cm 左右）。

① 宽松风格结构。

袖窿深应取 2/3 的前腰节长，约为（0.2 胸围 +3cm）+（>4cm）。前后肩的冲肩量取（1～1.5)cm，前后袖窿底部凹量取（3.8～4)cm。袖窿整体呈尖圆弧形。

② 较宽松风格结构。

袖窿深应取 3/5～2/3 的前腰节长，约为（0.2 胸围 +3cm）+（3～4）cm。前肩冲肩量取（1.5～2）cm，后肩冲肩量约取（1.5～1.8）cm，前后袖窿底部凹量分别取（3.4～3.6）cm、3.8cm，袖窿整体呈椭圆形。

③ 较合体风格结构。

袖窿深应取 3/5 的前腰节长，约为（0.2 胸围 +3cm）+（2～3）cm。前肩冲肩量取（2～2.5）cm，后肩冲肩量取（1.8～2）cm，前后袖窿底部凹量分别取（3.2～3.4）cm、（3.4～3.6）cm。袖窿整体呈稍倾斜的椭圆形。

④ 合体风格结构。

袖窿深应小于等于 3/5 的前腰节长，约为（0.2B+3cm）+（1～2）cm。前肩冲肩量取（2.5～3）cm，后肩冲肩量约取（2.2～2.5）cm，前后袖窿底部凹量分别取（3～3.2）cm、(3.4～3.6）cm，袖窿整体呈倾斜的椭圆形。

六、袖山部位结构

要与袖窿部位结构相配，袖山部位结构一共有四种结构风格。将袖山折叠后上下袖山之间形成的图形，由于与眼睛造型相似，故称为袖眼，其结构有下列四种：

① 宽松型袖眼。

袖山高取（0～9）cm，袖肥取 0.2 胸围 +3cm 至袖窿弧长 /2，袖山斜线长取前袖窿弧长 f−1.1cm+ 吃势 r，后取袖窿弧长 b−0.8cm+ 吃势 h。前、后袖山点分别位于 1/2 袖山高的位置。袖眼底部与袖窿底部只在一点上相吻合。袖肥与袖窿宽之差前后分配比为 1 ： 1，宽松型袖眼整体呈扁平状。

② 较宽松型袖眼。

袖山高取（9～13）cm，袖肥取 0.2B+1cm 至 0.2B+3cm，袖山斜线长取前袖窿弧长 −1.3cmf+ 吃势 f；，后取袖窿弧长 b−1cm+ 吃势 b。前袖山点在 1/2 袖山高向下 0.2cm 处，后袖山点在 1/2 袖山高向上 0.4cm 处。袖肥与袖窿宽之差前后分配比为 1 ： 2，较宽松型袖眼整体呈扁圆状，其与袖窿底部有较小的吻合部位。

③ 较合体型袖眼。

袖山高取（13～16）cm，袖肥取 0.2 胸围 −1cm 至 0.2B+1cm，袖山斜线长取前 AHf−1.5cm+ 吃势 f；，后取袖窿弧长 b−1.2cm+ 吃势 b。前袖山点在 1/2 袖山高向下 0.4cm 至 2/5 袖山高的位置，后袖山点在 1/2 袖山高向上 0.6cm 至 3/5 袖山高的位置，袖肥与袖窿宽之差前后分配比为 1：3，较合体型袖眼整体呈杏圆状，其与袖窿底部有较多的吻合部位。

④ 合体型袖眼。

袖山高取 16cm 以上，袖肥取 0.2 胸围 −3cm 至 0.2 胸围 −1cm，袖山斜线长取前袖窿弧长 f−1.7cm+ 吃势 f，后取袖窿弧长 b−1.4cm+ 吃势 b。前袖山点在 1.5/5 袖山高的位置至 2/5 袖山高的位置，后袖山点在 3/5 袖山高的位置上，袖肥与袖窿宽之差前后分配比为 1 ： 4，合体型袖眼整体呈圆状，其与袖窿底部有更多的吻合部位。

第四节　袖身结构设计

袖身结构按外形风格分，有直身袖、较弯身袖、弯身袖三种；按袖片数量分有一片袖、两片袖、多片袖等。

一、袖身立体形态及展开图

如图 5-4-1 所示，是两种袖身的立体形态及展开图。图 5-4-1（a）是直身袖的立体形态及展开图，直身袖袖身的立体形态是单个圆台体，按圆台体的平面展开法，展开图应该是前袖缝 A'B'C'，后袖缝 A”B”C”组成的扇形。考虑到直身袖一般装袖角都较小，扇形的袖口会使成型的袖口在袖缝下形成下垂的多余量，一般要考虑在前后袖口处去除◎大小的量，使袖口成直线，在袖山处前后袖缝亦随之补上◎大小的量。这样原来的扇形结构图就变成上下平行的倒梯形，直身袖展开图可理解为袖中缝 ABC 分别水平展开到 A'B'C'、A”B”C”。

如图 5-4-1（b）所示，是弯身袖的立体形态及展开图。弯身袖袖身可分解成两个圆台倾斜组合的立体，分别将两个圆台展开形成两个扇形平面图，两扇形平面图在前袖缝处重叠，在后袖缝处空缺。这样组合成的弯身袖展开图，可以理解为袖中缝 ABC 分别向前后袖身轮廓线作垂线展开到 A'B'C'、A”B”C”，形成平面结构图，这种展开法可称为袖身轮廓线垂直展开法。

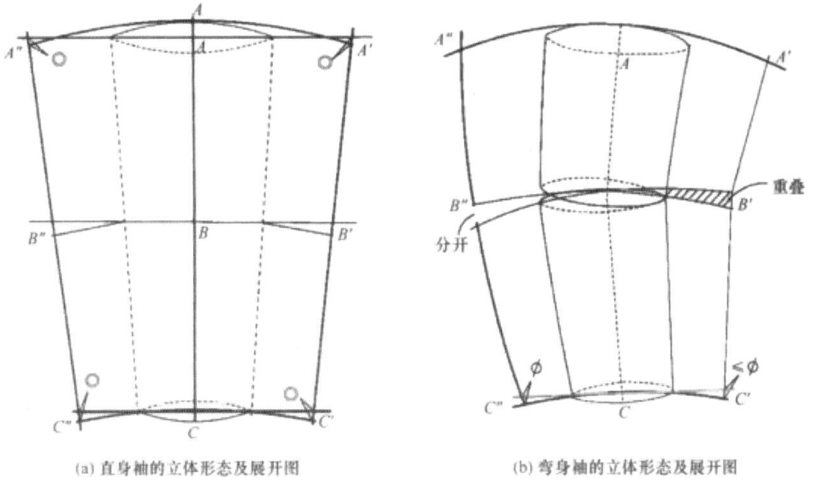

图 5-4-1　袖身立体形态及展开图

二、袖身结构制图

（一）直身袖袖身结构

直身袖袖身为直线形，袖口前偏量为 0～1cm，结构制图法是先作直身袖外轮廓图，然后将袖底缝按与外轮廓线呈水平展开的方法制图，如图 5-4-2 所示。

① 按袖长 SL，袖山高 AT（或袖肥），前袖山斜线长 = 前袖窿弧长 －（0.9～1.1）cm+ 吃势，后袖山斜线长 = 后袖窿弧长 －（0.8～1）cm+ 吃势，袖口大 CW，画袖身外轮廓图。

② 取袖底最低点 A 作袖中缝，或与衣身侧缝线相对应的部位作袖中缝。

③ 将袖中缝上的点 A、B 分别向袖身前后轮廓线水平展开，使 A 向外水平展开至 A'、A"、B 向外水平展开至 B'、B"。

④ 将展开的袖山图形，分别按与对应的袖底图形等同地画顺，将袖口画成直线形或略有前高后低的倾斜形。

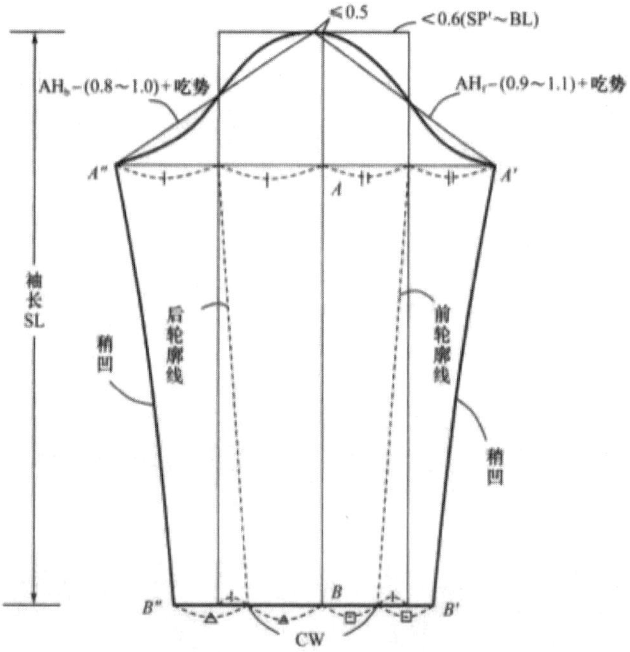

图 5-4-2　袖身结构制图

（二）弯身形一片袖结构

该袖身为弯曲形，袖口前偏量 b ≤ 3cm，其结构制图步骤如图 5-4-2 所示。

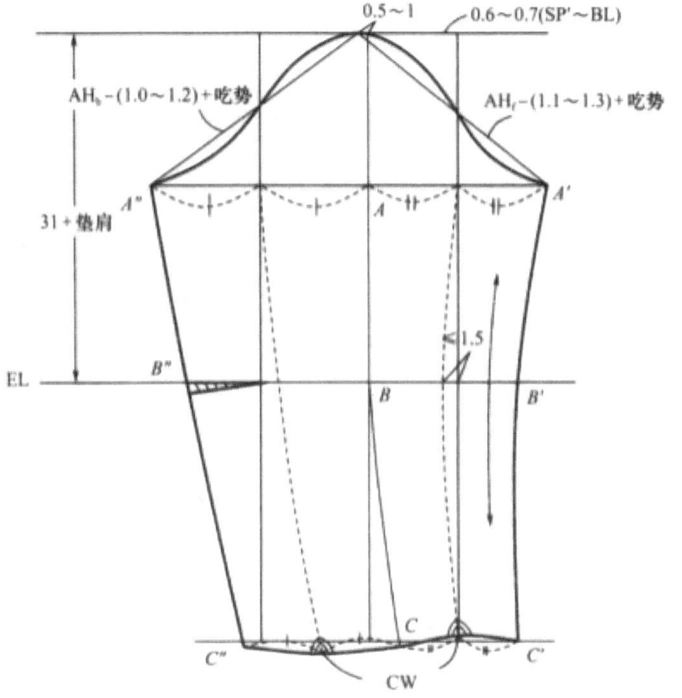

图 5-4-2 弯身形一片袖

① 按袖长，袖山高 =0.6～0.7cm（SP’～BL），袖山斜线长 = 前袖窿弧长 －（1.1～1.3）cm+ 吃势，后 = 后袖窿弧长 －（1～1.2）cm+ 吃势，袖口 CW，袖口前偏量 b 小于等于 3cm，画袖身外轮廓图。因为是弯身型袖身，故应增加袖肘线 EL，其长度 =31cm+ 垫肩厚。过袖底最低点 C 画袖中缝 ABC，BC 的 C 点在袖口处向前偏小于等于 3cm。袖口底边线与 BC 呈垂直状态。

② 将袖中线 ABC 分别向袖前轮廓线和后轮廓线垂直展开，即 A、B、C 分别向前轮廓线（图中虚线）画底角对称线展开到 A'B'C'；分别向后轮廓线（图中虚线）画底角对称线展开到 A”B”C”。

③ 将前、后袖山弧线分别展开，画顺前、后袖山，并画顺袖口底边。

观察该类袖结构图，可以看到当后袖缝向袖中线折叠时，后袖缝在袖肘线 EL 处要折叠省道，在 EL 线上段要归拢。而前袖缝在向袖中线折叠时，前袖缝在袖肘线 EL 处要拉展（或作剪切），前袖缝拉展量 = 袖中线长 − 前袖缝长。当前袖缝拉展量大于服装面料最大伸展率（服装面料允许的最大伸展量）时，则表明该类袖结构不能通过拉伸工艺达到造型的要求。

第五节　圆装袖结构设计

圆袖变化结构是在圆袖基本结构上作出抽褶、波浪、垂褶、折裥、省道等造型变化，从而形成新的服装结构。

一、圆袖变化结构种类

（一）袖山方向抽褶的袖

在袖山方向进行抽褶的袖造型，可分为四种结构类型：

① 部分袖山以上部位拉展、抽褶。

② 袖山以上部位拉展抽褶。

③ 部分袖身以上部位拉展、抽褶。

④ 袖口以上整体袖身都拉展、抽褶。

（二）袖口方向抽褶的袖

在袖口方向进行抽褶的袖造型，可分为三种结构类型：

① 部分袖身以下部位进行抽褶。

② 袖山线以下部位进行抽褶。

③ 整体袖身都进行抽褶。

（三）其他装饰手法的圆装袖

使用其他装饰手法的圆装袖，可分为五种结构类型：

① 袖山、袖口方向都抽褶的圆装袖。

② 袖山部位作省道的圆装袖。

③ 袖山部位和肩部都作裥的圆装袖。

④ 袖山部位作垂褶的圆装袖。

⑤ 袖口方向作波浪的圆装袖。

二、圆袖变化结构制图

（一）袖山部位抽褶袖

袖山部位抽褶袖，结构制图方法如下：

① 确定袖山、袖身风格，按袖长 SL，袖山高 AT，按袖山风格取适当值画出袖山斜线长，袖口 CW，画基本圆袖结构图。

② 按造型在需要体现袖山方向抽褶风格的部位剪切、拉展褶量。一般袖山抽褶量按下列规律设计：

部分袖山以上部位抽褶，总抽褶量≤ 0.3× 需抽褶的袖山弧长。

袖山以上部位抽褶袖，总抽褶量 =（0.3～0.5）× 需抽褶的袖山弧长。部分袖身以上部位抽褶袖，总抽褶量 =（0.5～0.7）× 需抽褶的袖山弧长。整体袖身以上部位抽褶袖，总抽褶量 =（0.7～1）× 需抽褶的袖山弧长。

（二）袖口部位抽褶袖

袖口部位抽褶的袖，结构制图方法如下：

① 确定袖山、袖身风格，按袖长，袖山高，按袖山风格取适当值画出袖山斜线长、袖口，画基本圆袖结构图。

② 按造型在需要体现袖口方向抽褶风格的部位剪切、拉展褶量。袖口抽褶量按下列规律设计：

部分袖身以下的部位袖口抽褶袖，抽褶量 =（0.5～0.7）×CW；袖山线以下的袖身部位袖口抽褶袖，抽褶量 =（0.7～1）× 袖口；整体袖身的袖口抽褶量，抽褶量大于袖口。

上述风格的袖口部位抽褶袖，其抽褶量的分配总是后袖口抽褶量大于前袖口抽褶量。

三、圆装袖转换方法

（一）一片袖转换法

由一片袖袖肘省的结构原理可知，合体的一片袖前、后袖缝长短差异随合体性增加而增加，过大的省量将破坏袖子的整体造型。设计师若在前、后袖中线处，以互借的形式设置袖分割线，同时将袖肘省转换，而形成大、小两片圆装袖。此时，既可满足合体袖型手臂造型的要求，又不破坏外观的整体感，使袖型更加美观、丰满，制图要点如下：

① 设置前、后袖缝辅助线位置。在一片袖基本型袖山深线上，分别找到前袖肥中点和后袖肥中点，引垂线交于袖山弧线及袖口线。

② 设置前、后袖互补量（2.5cm）。互补量的取值决定着大、小袖缝的位置，设置时既要考虑其功能性也要注意其美观性，常用的互补量在 2～3cm。

③ 设置袖口大。以前偏袖缝 0.5 为基点，向后袖缝量取袖口大值（12.5cm），大片袖口前袖缝处外放互补量、小片袖口前袖缝处收进互补量。

④ 设置新袖山高。在袖基本型的袖山处抬高 1～2cm，以保证衣袖与衣身贴体的造型状态，增加袖山吃势，确保袖山饱满。

采用互借的方法是设计的精髓所在，即设计师在一片袖的前、后片上设置两条公共边线，这两条公共边线应符合手臂自然下垂弯曲的要求。然后以该线为准，大袖片增加的部分在小袖片上减掉，从而产生了大、小袖片。需要注意的是，不论使用怎样的互借关系，都要保持袖山完整、流畅，袖型合理、适体。

（二）两片袖直裁法

设计师利用直裁法绘制两片袖时，需先测量出衣身前、后袖窿弧长的值，然后利用袖窿弧长 /3 确定袖山高，通过在袖山斜线上截取前、后袖窿弧长值来确定袖肥。

第六节　立体裁剪在衣袖结构设计中的创新应用

一、一片袖

（一）款式解析

一片袖是最基本的一种袖形，袖身到袖口都有一定的放松量。为了更符合人体的特征，设计一片袖时一般会在手肘部凸起的位置设计袖肘省，这能使整个袖子看上去更适合手臂的形状。

（二）坯布设计

一片袖坯布设计如图 5-6-1 所示。

图 5–6–1　一片袖坯布预裁图（单位：cm）

二、喇叭袖

（一）款式解析

喇叭袖是一款廓型优雅飘荡的袖形，在女性的连衣裙和夏季的着装中比较常见，可以很好地遮掩手臂粗壮的缺点。喇叭袖主要是在袖身和袖口处形成自然的波浪效果，由上至下形状类似于喇叭花的外形，故而得名喇叭袖。

（二）坯布设计

喇叭袖坯布设计如图 5–6–2 所示。

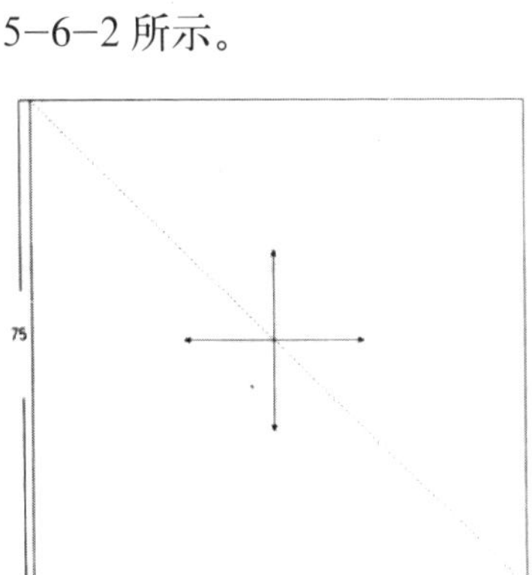

图 5–6–2　喇叭袖坯布预裁图（单位：cm）

第六章　女装整体结构设计的创新

本章从四个方面介绍了女装整体结构设计的创新，分别为折纸艺术在女装结构设计中的创新应用、平面结构在女装结构设计中的创新应用、立体裁剪在女装结构设计中的创新应用、智能制板在女装系列化结构设计中的创新研究。

第一节　折纸艺术在女装结构设计中的创新应用

一、折纸艺术在女装结构设计的应用原则

折纸作为我国的传统艺术之一，因随手可折的趣味性、造型与立意兼具的表达特征吸引了无数人的关注。

（一）创新体验原则

折纸艺术在女装结构设计中的应用需要遵循“以人为本”的设计宗旨，首先，该设计要满足服装的第一功能即遮羞功能，保护人体的第一性特征以及胸部等主要部位。其次，就是要考虑人体四肢与躯干连接处的活动关节空间，这两点便是女装结构设计与人体体型特征相结合的重要设计点。折纸主要是由纸张材质塑造的艺术，具有造型空间层次分明、结构紧密秩序的特点；而服装是一种根据人体体型特征、以人作为设计的核心、用面料披挂在人体表面呈现立体效果的设计，也是展现人的精神面貌的设计。在设计创作时，要时刻注意人的体型特征以及人体与服装之间的空间关系，例如，在腋下、肘部或者膝关节等这些活动量比较大的结构部位，可以利用折纸造型的立体空间特征改善人的穿着体验，用折叠形成的褶裥巧妙地改善具体结构部位的空间大小，用山谷折叠法具有的伸缩特性灵活变成不同的造型效果，满足人的活动空间的需求以及提升穿着体验的舒适度。

折纸艺术在女装结构设计中的运用不能一味地追求造型的新颖独特，将创新体验原则作为首要原则，可以通过具有立体空间特征的折纸造型与女装结构部位

的结合可以创造出全新的女装款式造型，并为女装结构设计的艺术表达拓展新的空间。同样可以通过将折纸艺术的形式语言转化在女装结构设计中，利用折纸造型本身的立体空间特征围绕人体体型特征的基础上进行创新设计，让人在穿着时体验到折纸艺术与服装结构设计结合时所形成独特美感和的舒适感。

（二）应用适宜性原则

无论是折纸设计还是女装设计，都是由造型构建的艺术形式，造型是骨架，是艺术表达的灵魂。两者的融合应符合应用适宜性原则，设计的作品既要符合人体体型特征，还要找到与女装结构设计相符合的造型，并避免对折纸造型的生搬硬套，这就需要结合女装结构中的具体部位进行艺术化的选择与调整，这种艺术选择是一种非简单的直接套用和转化，而是一种秩序的、高级的创造性活动。由于折纸造型的刚性和复杂性，如运用不好折纸造型，就会给人生硬和失调的感觉，也并非所有的折纸造型都可以与女装结构设计部位相适配，在细节部位和重点部位要灵活变化折纸造型的大小，让具体结构部位与折纸造型的结合尺度相适宜，从而达到审美装饰性目的和修正人体体型的实用功能性目的。

除此之外应用适宜性原则还体现在应用于女装结构设计中折纸造型设计元素的量，折纸艺术的造型设计元素不可过度使用，一味地做加法会使得整体的设计繁杂累赘，让人视觉疲劳。折纸造型可以利用中国的艺术作品中常用的留白手法，以少胜多，在方寸之间彰显整体意境，应用的折纸造型设计元素不必全部都呈现在设计中，可以以点概面，以无胜有。比如，在肩部结构位置可以选取鹤的局部翅膀造型进行融合创新，在下摆位置选用同样的造型设计元素作呼应，整体设计的应用表达纯粹，视觉表达集中，意境层次丰富，更能让人感受到造型设计元素单纯和丰富的创新应用。因此应用适宜性原则也是折纸艺术在女装结构设计中应用的重要原则，这样才能使折纸艺术在女装结构的应用具有更丰富的层次表现力。

（三）人文寓意原则

人文寓意对设计的影响至关重要，折纸艺术在女装结构设计中的表达要考虑折纸艺术所蕴含的人文寓意，只有符合社会文化背景和人文情感的折纸艺术类服装才会被消费者认可和接纳，所以女装结构设计要符合人文寓意原则。服装是精神外化的产物，具有人文寓意的服装将更能与大众的内心情感产生共鸣，从而获得认同。例如，仙鹤、鱼、蛙和蝴蝶等这些具有美好人文寓意的折纸造型被设计师选用在结构设计中，更能够使消费者产生情感的共鸣。在日本，樱花是日本人喜爱的花卉，以樱花造型融入在结构设计中，将更容易打开日本的消费市场，获得日本消费者的青睐。中国拥有上下五千年的历史，历经无数次的民族迁徙、各民族、地方不同的文化融合形成了独特的人文特点与历史印迹，中国人对莲花、仙鹤和鱼等寓意吉祥的形态造型情有独钟。设计师在进行袖片部位的设计时，可以用纸鹤的造型形态进行创新应用，由于折痕层叠交错形成的翅膀造型具有灵动的特点，在袖片上的应用可以随着人体的活动呈现不一样的视觉效果，同时鹤蕴含的人文寓意与结构的部位选取相互呼应，具有内外兼修的艺术效果。

在考虑折纸艺术在女装结构设计中的应用时，需要针对性地考虑人文寓意因素对整体设计的影响。将二者有效结合起来可以避免折纸艺术在女装结构设计中造型应用的违和感，才能让女装结构设计反映折纸艺术的文化韵味，并能够将传统文化的人文内涵传承与提升。

二、折纸艺术在女装结构设计中的应用手法

二维平面的纸张通过客观逻辑按折叠、翻转、弯曲、组合等折叠方式即可得到全新的三维立体折纸艺术效果，而将折纸艺术应用在女装结构设计中还需要加入人的主观设计意识，即应用手法的使用。首先，可以将折纸造型作为一种形式或者作为某一部位的细节化；其次，将折纸造型整体运用在女装结构设计中。这种两种应用手法的运用都能在女装结构设计中，体现出了服装的实用功能性与审美装饰性的特点。

（一）局部细节法

把人体看作一个整体，而折纸造型就是这一整体中的局部，用折纸造型分别对应在女性的肩、腰、臀、下摆这四个骨骼重点部位，可以强化或掩盖女性的体型特征，塑造女性形体美感，在塑造过程中要进行合理与美观并存的艺术处理，使折纸造型能够和人体体型形态很好地融合在一起。在2007年迪奥的“蝴蝶夫人”高级时装定制发布会中，设计师将百合花的折纸造型作为局部的形式运用在裙装肩部、领部、腰部等结构位置上做点缀，以百合花代表的纯洁、高雅的人文情感塑造服装的精神内涵。设计师利用百合花特有的花瓣折纸造型在胸部、裙摆处形成上下呼应的视觉效果，凸显女性的优美曲线，增强裙摆的蓬松体积感，层叠的花瓣造型在礼服裙中营造了花朵盛开的美感，塑造了新颖独特的服装造型，使女装结构设计充满了艺术张力。

无独有偶，女装高级成衣也运用了局部细节法将折纸造型作为局部形式运用在女装结构设计中，Winde Rienstra 的设计师通过山谷折叠法折叠成无数个相同的几何造型，在逻辑的排列和艺术的分配下形成统一秩序的艺术形式，从颈部、前胸至腰间再至臀部结构部位，形成环状立体雕塑感造型的服装，在人体的立体形态上塑造了一种视觉的轻盈感和光影变幻的效果。由于对几何造型的延伸拓展使得衣领部位与几何造型相连，这种女装结构设计得以创造出独特的领部造型，并使得整个形态趣味盎然。又由于形成的几何折叠结构具有可伸缩变形的特点，整个服装造型既能顺应人体的结构部位做出不同的转折空间造型，又可以营造出折纸作品般的立体空间感。

局部细节法是通过将折纸造型独有的结构特点部位融入在女装结构设计上，使其既能成为女装结构设计中的一部分，又具有装饰性的表达效果，甚至可以产生新颖独特的服饰造型。

（二）整体空间法

整体空间法与局部细节法的应用手法恰好相反，是一种将折纸造型整体运用到结构设计中的设计手法。将折纸作品的造型整体运用到女装结构设计中需要通过折纸造型或者面料自身形变实现，利用折纸造型的立体结构可以强化或掩盖人体的体型特点，这也是女装结构设计的功能性意义所在。近些年，设计师参考了现代型折纸一纸成型的设计概念将折纸造型整体运用在女装设计中。最著名的便是三宅一生“132　5.”设计理念，1 代表了一整块面料，3 代表了三维立体空间，2 代表了折叠后的二维形状，空格代表了无限的延伸，5 代表了未来的全新体验。在一整块面料上利用折痕平面结构图的折叠规律设计服装，结合折叠结构中的立体空间特征给予身体足够的空间。服装在平放静止状态时是二维的几何形状，轻轻一提便可以形成一件立体服装，巧妙又富有趣味，规律又具有美感。

在渡边淳弥 2015 秋冬设计中，其作品本身既是造型设计作品又是结构艺术效果。在整体造型设计与细节表达中，同种造型设计元素组合排布在造型设计中，由于折叠的翻转使得整件外套二维平面的面料具有了折痕的深浅变化和结构衔接处的明暗对比，使面料具有了体积感，让整件服装富有肌理和立体层次。除此之外，因折叠造型的拉伸形成了一定的立体空间，并具排列秩序感和造型的延伸感，可以变幻多种造型形式。在渡边淳弥 2015 秋冬的整场设计里，从服装到配饰都运用了折纸造型，这种服装设计可以在人体体型上实现凹凸起伏、变幻不一的立体空间效果，是在折纸世界的趣味王国里展示现代女性之美的经典表达。

整体性的应用手法使得可以直接将折纸造型运用在女装结构设计中，或者将其作为设计的大框架运用在女装结构设计中。这能使女装结构设计的整体性与立体感相得益彰，可以获得实用功能性与审美装饰性并存的服装效果，塑造出别具一格的服装艺术造型。

第二节　平面结构在女装结构设计中的创新应用

一、整体结构

例如，中式十字型平面结构体现了古人对于自然之物的爱护与崇拜，以农耕文明为主的古代中国，因为生产效率低、物质匮乏，对于求之不易的布匹，人们总在寻求物尽其用的设计手段，力图避免浪费，将敬物尚俭的思想融入在将每一匹布裁剪成服装的过程中，最终造就了以十字型平面结构为主的中华服饰形态。

从对结构深入研究的事实来看，中式十字型平面结构以不破坏面料完整性、原生态的方法设计而成（一切都在织布机的宽度下展开）[①]。通过减少结构分割，在面料幅宽的基础上进行裁剪的方式，尽可能最大程度保持面料的完整性，这便体现了物尽其用的思想，所以应注重平面整体结构在女装结构设计中的创新应用。

二、局部设计

在平面结构难以实现设计效果时，古人会采用在细节处添加局部设计处理。

（一）以折代剪

在明代，以折代剪的工艺在袍服下摆两侧开衩部分尤为多见。古代袍服大身的制作通常是将两幅布料拼接而成，左右衣身和袖身相连。在袖身的下方部位，需要裁掉多余的面料，明代很多服装制作时并不裁切这部分面料，而是将其打成单个或多个褶裥，形成独特的外观效果[②]，保留服装的完整性。

---

① 刘瑞璞，邵新艳，马玲．古典华服结构研究：清末民初典型袍服结构考据[M]. 北京：光明日报出版社，2009.

② 祖倚丹，申凯旋，王瑾．中国古代服装节约工艺研究[J]. 丝绸，2015，52（11）：42-46.

通过对平面结构服装细节处结构处理方式的研究和分析，了解到十字型平面结构服装在造型方面有对服装内部空间包容和转化的技巧[①]，能够为余料转化提供更多思路。无论是哪一个部位的以折代剪，都对减少服装设计制作的边角料起到了一定的积极效果。采用折叠而不是裁剪的方法，在设计中可以体现将余料转化为设计的另一种可能性。

（二）断缝拼接

古代的布幅受手工织机的限制，通常宽度较窄，现今不少保留着手工织造工艺的少数民族地区，依然在使用窄幅的面料。在幅宽没有办法达到十字型结构的横向宽度时，古人采用了断缝拼接的方式来满足衣身整体结构的完整性，并达到了减少余料产生的效果，这种设计充满了整幅利用的智慧。

拼接在现代服装设计中常被看作“装饰”，但在中国传统服装中亦将它看作“装饰”是个重大的误读，“拼”是为了充分利用面料的边角余料，是古人的物尽其用思想意识在古典华服中的投射。[②]

断缝的位置通常位于前后中或是袖上，常见的一种做法是前后中到袖上断缝位即为布幅宽度。以保留传统服装裁剪结构特征的黑衣壮女子服饰为例，上衣衣身由整片布料裁剪而成，自然状态的宽度到达袖子上，形成断袖接缝[③]，前后中与袖上的断缝结构是为了尽可能减少对布料的裁剪破坏。

三、设计理念创新

女装整体结构设计创新必须以设计理念创新为主，结合时代发展特点、消费者审美需求以及最新的设计理念，从本质到外在、从精神到物质实现全面创新。近年来我国服装设计产业越发完善成熟，传统西方服装文化设计理念早已无法满足新时期消费者的审美需求，因此必须对当前流行的现代女装设计理念进行大胆创新，鼓励设计师积极融入个人风格和民族文化元素，将现代化女装设计元素与民族服饰元素相结合，打造具有中国特色的女装设计风格，从而推动现代女装产业的创新发展。女装设计中的服装设计创新和发展需要融入现代化的生活方式，女装设计师需要将民族服饰中蕴含的精神文化内涵与审美风格融入现代女装

① 张默涵．从袖根部分的处理试析东方平面服装的空间处理技巧[J]. 景德镇学院学报，2016(31)：56—59.

② 刘瑞璞，陈静洁．中华民族服饰结构图考．汉族编[M]. 北京：中国纺织出版社，2013.

③ 韦彩妙．黑衣壮女子服饰结构研究[J]. 纺织报告，2020，39（5）：75—76.

设计，在保证视觉设计元素的美观性的基础上，着重强调中国传统服饰中传承的美学思想，以此为女装设计创新赋予现代感和民族传统神韵。在女装设计创新中既需要融合民族服饰文化中的图案、花边、盘扣、刺绣等设计元素，又需要以此为基础添加其他层面的审美元素，站在系统化的角度将这些元素进行有效整合，从而开发出全新的现代女装设计思路。此外，现代女装设计理念创新不应仅局限于传统民族服饰，还需要将民族服饰文化中的文化元素和民族审美相融合，在现代服装设计中把握民族服饰的精神内涵，这也是推动女装设计理念创新的重要手段。

四、结构创新

女装结构设计作为女装设计的重要环节，在实践过程中通常需要将三维服装转换为二维衣片结构图，将服装立体结构过渡为平面结构。结合最新的女装款式设计思路，在服装结构设计中应着重强调款式设计的审美风格，结合款式特点选择适合的结构处理方法。结构创新是女装整体结构设计实现创新的基础，近年来，公众的审美情趣逐渐呈现出多元化的趋势，在服装款式创新过程中，可以积极引入最新的结构线设计，确保结构设计创新符合市场发展需求。现代女装设计中的结构设计创新主要集中于结构线和省道线的结构创新上，在实践过程中可以采用以下几种全新的设计思维：第一，在结构线分割中引入非对称设计方法，传统女装结构线设计主要考虑生产加工的便利性以及人体对称性，以对称设计的方式满足广大消费者的需求。但非对称设计需要增加服装结构的合理性，从服装廓形、内在分割线两个角度着手，突破传统对称设计理念，采用不对称的分割方法保证服装设计的灵动性。在女装设计中为保证衣片分割线的非对称效果，可以在衣片左右采用不同的分割数量以及不同长短的分割线，确保这些非对称的结构线呈现出不同的视觉效果，从而形成非对称分割的设计效果。

在女装结构创新中还可以对结构线进行处理，以此保证结构线设计的美观性。可以加入具有独特风格的装饰物，以服饰配件为最主要的表现手法，重点关注人体结构及服装处理效果，尽可能表现设计风格的个性化特征。传统省道线设计通常需要修饰衣片的背面，避免影响服装正面的设计效果，但在现代女性消费者个性化审美特征不断增强的背景下，青年女性服装的装饰效果越发简洁，因此可以将省道设计融入女装正面，并将其作为女装本身的装饰设计，从而保证女装设计的夸张效果。最后，在女装设计中可以将肩部或臀部的一字线转变为斜线，在保证女装功能性的基础上，为女装设计赋予个性化的色彩和动感。女装设计中的结构设计必须摆脱传统单一、刻板的设计风格，对结构线和省道线进行创新设计，着重强调女装样式的个性化特征，确保其与现代女性消费者的审美需求相适应。在结构线设计中既需要融合功能性和审美性特征，又需要将实用性与艺术性相结合，根据现代女性群体的穿衣风格，展现女装设计的表现力和艺术性。

第三节　立体裁剪在女装结构设计中的创新应用

由于女装结构设计需要体现干净简洁的特征，但在设计风格的限制下应避免使用过多的分割线和装饰元素，以免服装整体的装饰效果过于空洞，使用最新的工艺手法和用料材质，保证现代女装设计的立体化效果[①]。首先，线的折叠法。按照特定的长度和宽度处理面料，根据一个折叠的量计算多个折叠的个数，大胆发挥创新意识和想象力，表现出在女装立体结构设计中表现出自身思想及品位，利用丰富的造型变化带来立体的视觉效果，从而为消费者呈现出多元的形态美感。其次，堆积装饰立体造型。结合面料的使用性能及剪切性特点，可以根据面料的方向优化设计类型和款式，利用挤压、堆积、结构等手法凸显服装设计的美感和衣身结构的平衡性，并在该部位点缀不规则、随意的装饰物，从而在衣身的各个部位起到点缀、装饰的效果。最后，层叠装饰立体设计。通过平面或立体的形态对面料将进行处理后，还需要按照特定的规律和外形将其反复折叠，以保证女装的层次感和立体感。在女装设计的立体造型设计中融入多元设计元素时，可以利用丰富的用料材质凸显服装设计的立体造型，从而摆脱传统女装平面枯燥单调的装饰特点，进一步提升女装设计的立体造型设计的水平。

一、披挂造型

披挂是最基本、最原始的造型手法，通过将面料搭在人体上，寻找支撑部位，受重力影响，披挂的布料会自然垂坠，产生特有的形态。

披挂造型的支撑方式有三种：点支撑、线支撑、面支撑。

① 点支撑。

点支撑是以头部、肩点等作支撑点，以点支撑的设计方法进行的设计。

① 魏建华．试论服装结构设计中的立体思维[J]. 纺织报告，2019（12）：45–47.

② 线支撑。

线支撑是以胸围、腰围、臀围等处作支撑点，以线支撑的设计方法进行的设计。

③ 面支撑。

面支撑是以肩约克、腰约克等分割面作支撑点进行设计的方法。

在披挂造型时，披挂布料的大小、方向、重力分配等方面因素，会导致披挂造型发生变化，在做披挂造型时，需要格外注意这些变化。

二、缠绕造型

缠绕造型是用一种近乎原始的设计手法来实现服装造型，是古老的手法与现代设计理念的结合。依靠布料自身的悬垂性，将布料不规则地随机缠绕、包裹、扎系在对象身上，不经过剪裁或尽量少进行剪裁，保持面料的整体性。

三、折叠造型

折叠造型是在面的基础上，通过翻转（折）叠加（叠）的方法，构造新的支撑与平衡，折叠能够制造肌理，通常以连续、重复、组合、变化的方式出现，可以用折叠造型制造出褶痕。

四、分割造型

分割造型是通过裁剪消解面料的整体性的方法，通过对分割线的处理，实现错位、去量、加量等量的改变，从而丰富了创意造型设计。

五、穿插造型

穿插造型可以实现空间的互通多变，将零散的点连接成一个完整的部分，可以将服装两个或多个结构联系起来，或将分散的面料局部集合成相互关联的整体。穿插造型可以是编织手法的线性穿插，也可以是通过扭曲、旋转等手法，实现面性穿插和体性穿插，从而塑造造型空间、丰富服装层次。

第四节　智能制板在女装系列化结构设计中的创新研究

一、智能制板概述

智能制板是利用计算机科技和数学建模等先进技术，辅助或自动化生成服装基型和制板样式的方法，它能以更高效、精确和灵活的方式实现服装制板。

智能制板主要包括数据采集和准备、数字化设计、三维建模、模型生成、模型优化打印和剪裁以及批量生成等步骤。其中三维建模技术是将服装基型从二维转换为三维，以更准确地反映人体的形态。而数字化设计是利用计算机辅助设计（CAD）工具对制板样式进行数字化设计和调整，设计师可以根据需要进行修改。智能制板利用数学和算法优化来最大程度地减少布料浪费，提高剪裁效率，利用计算机视觉技术，可以实时监测和分析服装生产过程，提高质量控制。智能制板还运用了人工智能和机器学习技术，可以根据大量的数据自动调整制板样式，提高服装对人体的贴合度。

智能制板是和计算机和数学模型相结合的成果，它可以通过精确的测量和数学模型来创建服装基型，这有助于减少因人工制板错误导致的成衣不合身现象。利用计算机算法，智能制板可以快速生成多种尺寸的基型和样式，减少了手动制板所需的时间和劳动力，这有助于提高生产效率和降低制板成本。智能制板将制板过程数字化，使设计师和制板师可以使用电脑来创建、修改和管理服装样式，有助于提高设计和制板效率。由于数字化带来的精确性，智能制板可以最大限度地优化布料利用，减少布料浪费，降低了制造成本。此外，智能制板系统可以根据客户的要求轻松定制不同的服装款式和尺寸，满足客户的个性化和定制化需求。在高级定制服装领域，智能制板被广泛应用，这有利于于现代服装制造业在快速变化的时尚市场中迅速适应新的潮流和趋势，缩短了从设计到生产的周期。智能制板系统减少了对熟练制板师的依赖，降低了制板部门的人力成本。

智能制板是一种现代化的服装制板方法，它结合了计算机科学和数学建模，为服装制造业带来了更高效、更精确的制板方法。

二、服装 CAD 智能制板

（一）服装 CAD 智能制板系统工作原理

服装 CAD 智能制板系统是一种集成了计算机辅助设计、数学优化、人工智能等技术的系统，具有特定的工作原理。

① 数据输入。工作的第一步是将必要的数据输入系统中。这些数据包括服装设计图、人体测量数据、面料参数、制板要求等。这些数据是智能制板的基础，系统会根据这些数据进行制板工作。

② 三维建模。系统会将服装的基型从二维图纸转换为三维模型。这个模型可以在不同尺寸和角度下呈现服装的效果，这一步骤通常使用 CAD 工具来完成。

③ 模型优化。利用数学建模和优化算法，系统会对服装基型进行优化，以确保其贴合度、舒适性和流行度。这意味着系统可以自动调整基型，使其更适合不同的人体尺寸和设计要求。

④ 模式生成。基于三维模型和优化结果，系统会生成服装的制板样式。这包括裁剪线、缝合线、剪口位置等。生成的模式是根据服装基型和设计要求自动生成的，通常不需要人工干预。

⑤ 数字化设计。设计师可以使用 CAD 工具对生成的模式进行数字化设计和调整，设计师可以在需要时对模式进行修改，以满足特定的设计要求。

⑥ 批量生成。智能制板系统可以根据生成的模式，批量生成不同尺寸和款式的制板样式，这可以提高生产的效率。

⑦ 打印和剪裁。利用计算机控制的裁剪设备，智能制板系统可以根据生成的制板样式，将面料按照最佳方式剪裁成服装部件。

⑧ 质量控制。智能制板系统可以使用计算机视觉技术对制板过程进行质量控制，它可以检测并纠正制板过程中的错误，确保成衣的质量。

⑨ 反馈和改进。系统可以收集制板和生产的数据，以反馈到系统中，用于提高系统的精确性，这有助于不断提高智能制板系统的效率和质量。

智能制板系统的工作原理基于数字化、优化和自动化技术，它可以提高服装制板的效率、精确性和灵活性，同时降低成本、适应不断变化的市场需求。这些系统在现代服装制造业中起着关键作用，可以加速设计和生产过程，提高产品质量。

（二）服装 CAD 制板技术的智能化

CAD 制板技术是一种计算机辅助设计技术，随着计算机智能化的发展，服装 CAD 制板技术的智能化也应运而生。服装 CAD 制板技术的智能化指的是在计算机辅助设计制板过程中应用智能化技术和算法，以提高制板的效率、精确度和自动化程度。这种智能化技术包括自动化纸样生成、自动优化布料利用率、智能化排料和嵌套、自动匹配不同尺寸和款式等，服装 CAD 制板减少了人工干预，可以降低制板错误，提高制板的质量和生产效率。这种系统充分应用了数字化技术，如三维建模和虚拟样品制作，可以提高制板的精度和速度，且集成了多种智能化工具，智能填充、智能纸样生成等方法进一步提高了制板效率和精度，有利于服装产业的进一步升级。

在服装 CAD 制板技术的智能化中，计算机软件可以使用算法和规则来自动执行某些制板任务，这种智能化可以减少人工劳动、提高制板速度，使服装制板更加高效和精确。

服装 CAD 制板技术的智能化是指通过计算机技术和智能算法，使制板过程更加自动化、智能化，以满足服装行业快速生产和高质量的要求。这样的智能化工具在现代服装制造业中起着关键作用，它们不仅提高了生产效率，还降低了成本、减少了浪费，同时也可以为不同类型的服装生产需求提供支持。随着技术的不断发展，这些智能化工具将继续推动服装制造业向智能化和数字化方向迈进。

（三）服装 CAD 智能制板技术在制板中的应用

如今已有了许多对于服装 CAD 智能制板技术的研究，从中我们可以看到服装 CAD 智能制板技术在服装制造业得到了广泛的应用。

首先，服装 CAD 智能制板系统能够根据设计要求和人体测量数据自动生成制板模式，包括裁剪线、缝合线、剪口位置等，这样的自动模式生成减少了手动制板的工作量，提高了效率。由于智能制板的特性，服装 CAD 智能系统能够根据不同尺寸的人体测量数据，自动调整制板模式，以确保服装的贴合度和舒适性，这意味着服装制造业就可以轻松地生产不同尺寸的服装。利用智能算法，系统也可以优化排料，并且可以自动选择最佳的排料方式，最大程度地减少面料浪费，降低了生产成本。还可以使用计算机视觉技术对制板过程进行质量控制，检测并纠正制板过程中的错误，确保成衣的质量。其次，部分智能制板系统还具备特殊功能，如羽绒服充绒计算，这也意味着系统可以根据设计要求自动计算所需的填充物数量，确保羽绒服的保暖性能。

除了在制衣方向的优点，智能制板软件通常拥有用户友好的界面，设计师可以通过简单的操作完成制板工作，这降低了对复杂 CAD 工具的依赖，提高了操作的便捷性。而且 CAD 智能制板系统可以收集生产数据，如面料使用情况、制板效率等，并将这些数据反馈到系统中，用于提高系统性能和精确性。

总的来说，服装 CAD 智能制板技术在制板中的应用使制板过程更加高效、精确和灵活。它有助于降低生产成本、减少面料浪费，同时满足不同尺寸和款式服装设计的需求。这对于现代服装制造业来说是一项重要的技术进步，有助于提高生产效率和产品质量。

三、合体女上衣智能制板参数化设计

合体女上衣的智能制板原理涉及使用计算机辅助设计软件和参数化设计技术，以自动生成不同尺寸和款式的女上衣制板，大致步骤如下：

① 参数定义：需要定义女上衣的设计参数，包括尺寸、领型、袖型、下摆形状、褶皱等。

② 基础模型创建：制板开始时，可以创建一个基础的女上衣模型，该模型包括基本的身形和结构，但尚未根据具体参数进行调整。

③ 参数化调整：根据定义的参数，使用 CAD 软件进行参数化调整。例如，通过改变领型参数，可以实时生成不同领型的设计；通过调整袖型参数，可以创建不同袖型的女上衣款式。这些参数化调整可以在实时预览中进行，以查看设计效果。

④ 尺寸生成：基于不同尺寸的需求，使用参数化设计工具生成各种尺寸的女上衣制板。这可以通过在模型上应用尺寸参数并自动调整模型来实现。

⑤ 智能化布局：智能制板软件可以优化面料利用率，自动排列并排样料，以减少浪费。

⑥ 检查和优化：生成各种款式和尺寸后，需要对这些数据进行检查和优化，确保制板的质量和合适性。这可能涉及检查缝合线、褶皱、对称性等，并需要对模型进行合理的微调。

⑦ 导出制板文件：完成制板后，可以将各种款式和尺寸的女上衣导出为制板文件，通常以 2D 纸样的形式存在，这些纸样可以用于裁剪面料和制作女上衣。

⑧ 生产实施：制板完成后，可以将纸样交给生产部门，以便生产部门按照生成的款式和尺寸制作女上衣。

通过参数化设计和 CAD 技术，智能制板可以更快速、更准确地适应不同尺寸和款式的需求，提升了生产效率。这种方法还可以减少人工错误，降低了制板的成本和时间。智能制板还能够提高制板的一致性和精确度，确保不同尺寸的女上衣在质量等方面符合要求。

四、智能制板在女装系列化结构设计中的创新案例

（一）戗驳领小刀背合体女上衣

① 款式图。

戗驳领小刀背合体女上衣款式图如图 6-4-1 所示。

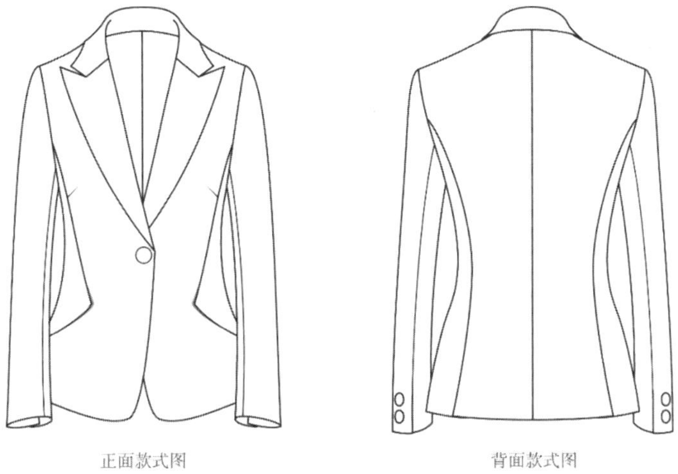

图 6-4-1　戗驳领小刀背合体女上衣款式图

② 款式特征。

戗驳领，领面分体翻领，领底一片翻领；前衣身是四开身结构，门襟 1 粒扣，小圆角下摆，小刀背分割线自袖窿起至前腰袋盖前边连接，L 形扩转至侧缝，前侧刀背缝与袋盖相连，袋盖下有真实口袋，领下和刀背缝上有胸省道；后背中缝直通底摆，后刀背缝自袖窿中部起通向底摆与双开衩贯通；合体两片袖：袖口开衩，2 粒扣。

③CAD 智能制板结构设计。

戗驳领小刀背合体女上衣 CAD 智能制板结构设计如图 6-4-2、图 6-4-3 所示。

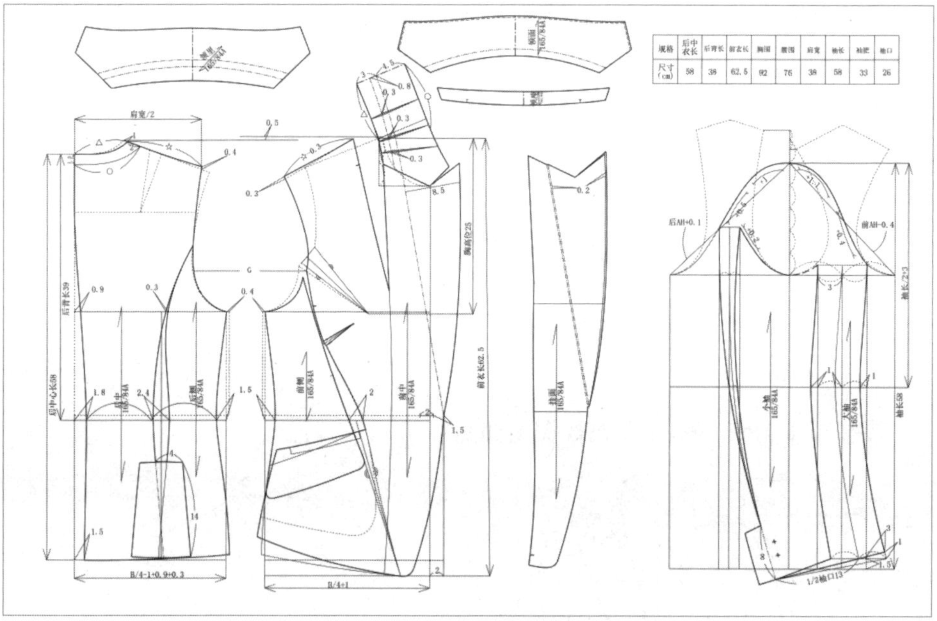

规格	后中衣长	后背长	前衣长	胸围	腰围	肩宽	袖长	袖肥	袖口
尺寸（cm）	58	38	62.5	92	76	38	58	33	26

图 6-4-2　戗驳领小刀背合体如上衣 CAD 智能制板结构设计

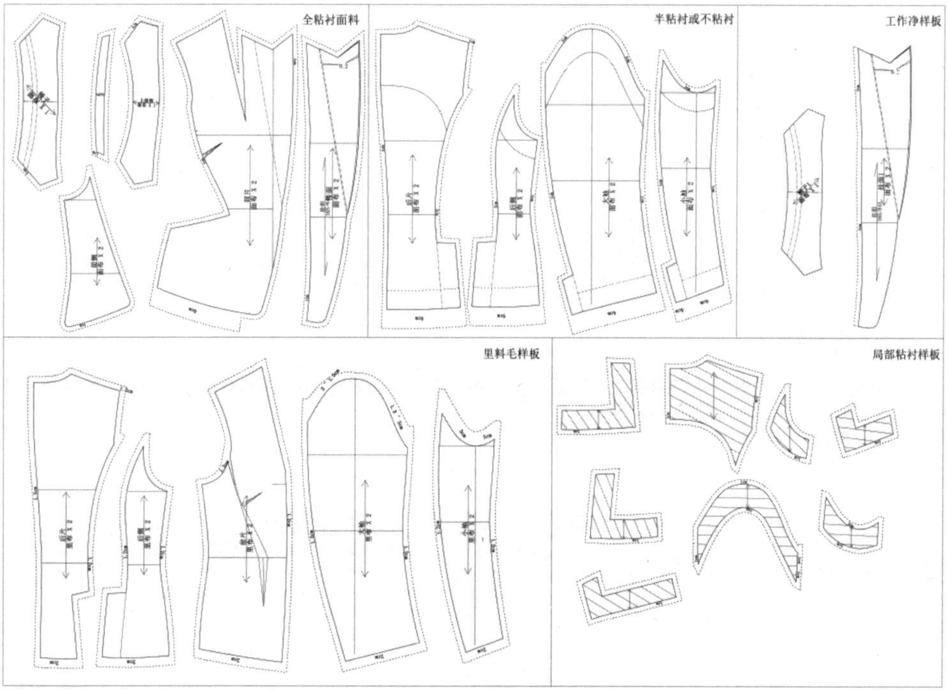

图 6-4-3　戗驳领小刀背合体女上衣裁剪板

④Clo3D 虚拟试衣及板型修正。

戗驳领小刀背合体女上衣 Clo3D 虚拟试衣及板型修正如图 6-4-4 所示。

图 6-4-4　戗驳领小刀背合体女上衣 Clo3D 虚拟试衣及板型修正

⑤ 成衣制作并模特试衣。

戗驳领小刀背合体女上衣模特试衣如图 6-4-5 所示。

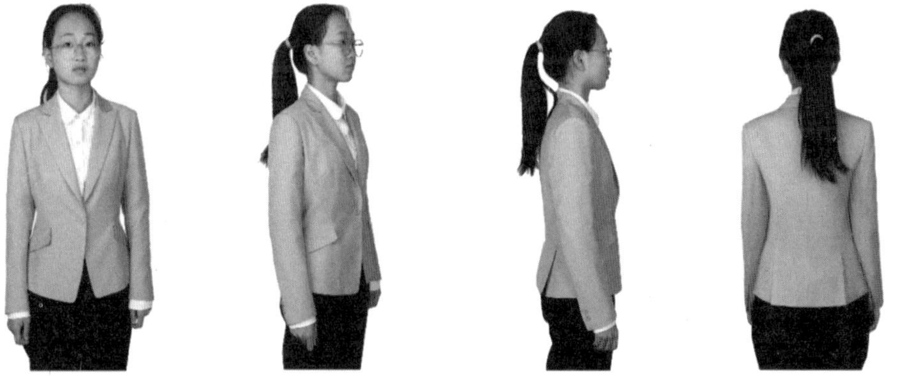

图 6-4-5　戗驳领小刀背合体女上衣模特试衣

（二）戗驳领不对称合体女上衣

① 款式图。

戗驳领不对称合体女上衣款式图如图 6-4-6 所示。

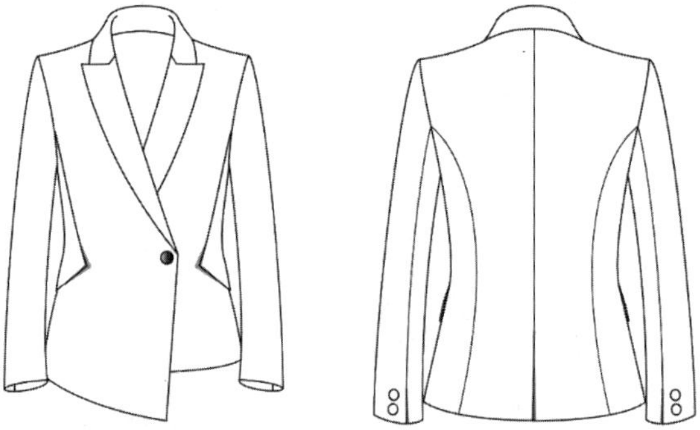

图 6-4-6 驳领不对称合体女上衣款式图

② 款式特征。

戗驳领，领面分体翻领，领底一片翻领；四开身结构，门襟 1 粒扣，前片两边不对称，小刀背分割线自袖窿起至前腰袋盖处相连连接，L 形扩转至侧缝，前侧刀背缝与袋盖相连，袋盖下有真实口袋，领下和刀背缝上有胸省道；后背中缝直通底摆，后刀背缝自袖窿中部起通向底摆与双开衩贯通；合体两片袖：袖口开衩，2 粒扣。

③CAD 智能制板结构设计。

戗驳领不对称合体女上衣 CAD 智能制板结构设计如图 6-4-7、图 6-4-8 所示。

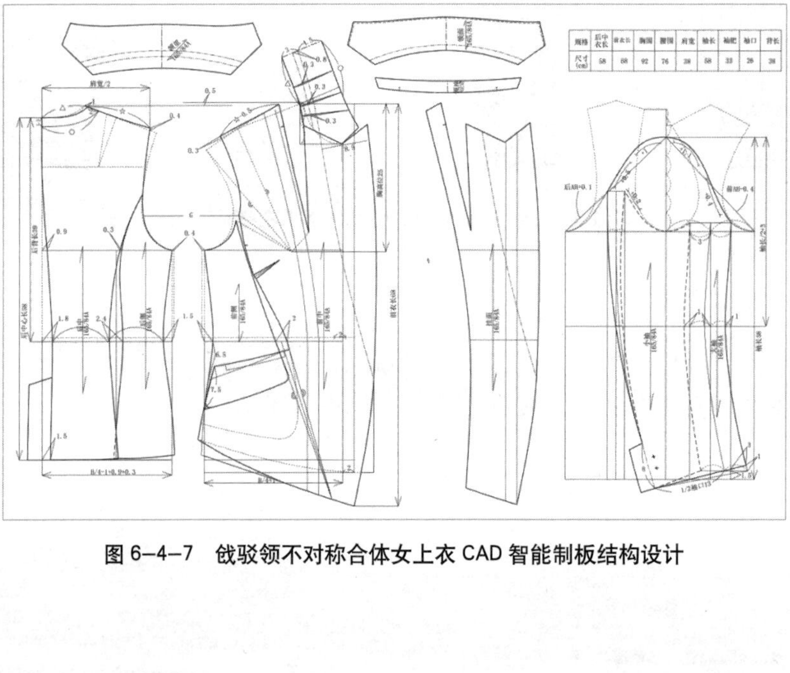

图 6-4-7 戗驳领不对称合体女上衣 CAD 智能制板结构设计

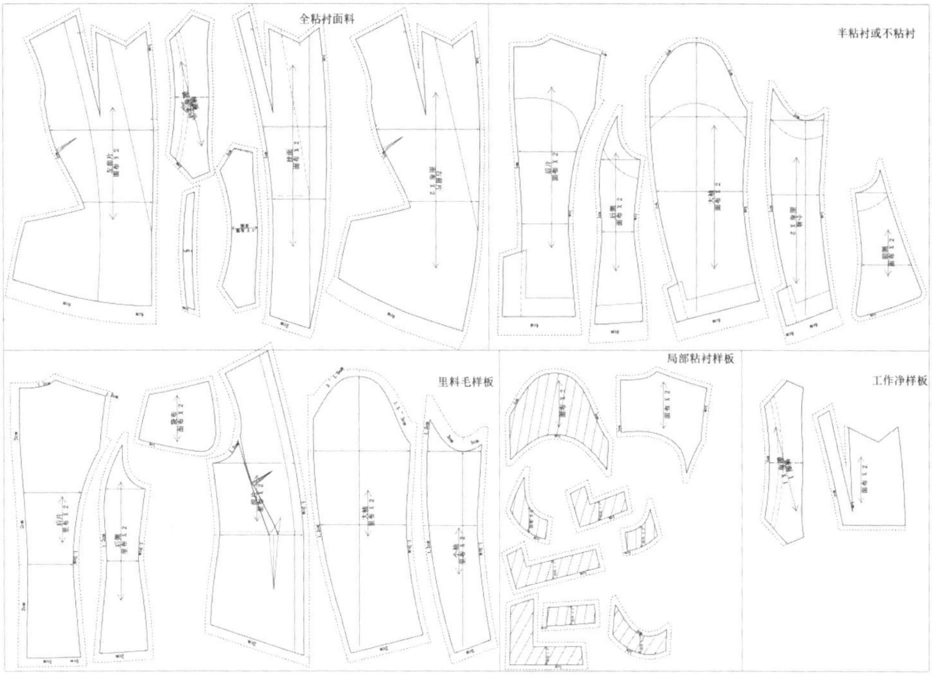

图 6-4-8　戗驳领不对称合体女上衣裁剪板

④Clo3D 虚拟试衣及板型修正。

戗驳领不对称合体女上衣 Clo3D 虚拟试衣及板型修正如图 6-4-9 所示。

图 6-4-9　戗驳领不对称合体女上衣 Clo3D 虚拟试衣及板型修正

⑤ 成衣制作并模特试衣。

戗驳领不对称合体女上衣模特试衣如图 6-4-10 所示。

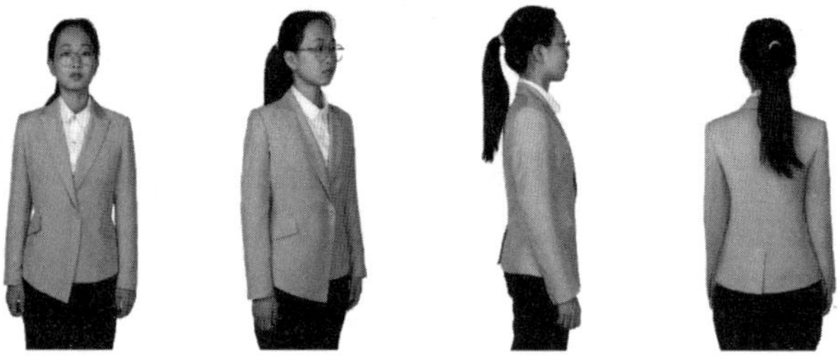

图 6-4-10　戗驳领不对称合体女上衣模特试衣

（三）戗驳领腰节分割合体女上衣

① 款式图。

戗驳领腰节分割合体女上衣款式图如图 6-4-11 所示。

图 6-4-11　戗驳领腰节分割合体女上衣款式图

② 款式特征。

戗驳领，领面分体翻领，领底一片，斜纱向；四开身结构，门襟 1 粒扣，小圆角下摆，前片小刀背分割，自袖窿起至前腰袋盖处相连接，前侧刀背线与袋盖相连，小圆角袋盖，袋至侧盖下有真实口袋；领下和刀背缝上有胸省道；后腰背省道过腰线与褶裥贯通；小刀背，自袖窿中部起通向腰线与袋盖后端相接；合体两片袖结构；袖口开叉，2 粒扣。

③CAD 智能制板结构设计。

戗驳领腰节分割合体女上衣 CAD 智能制板结构设计如图 6-4-12、图 6-4-13 所示。

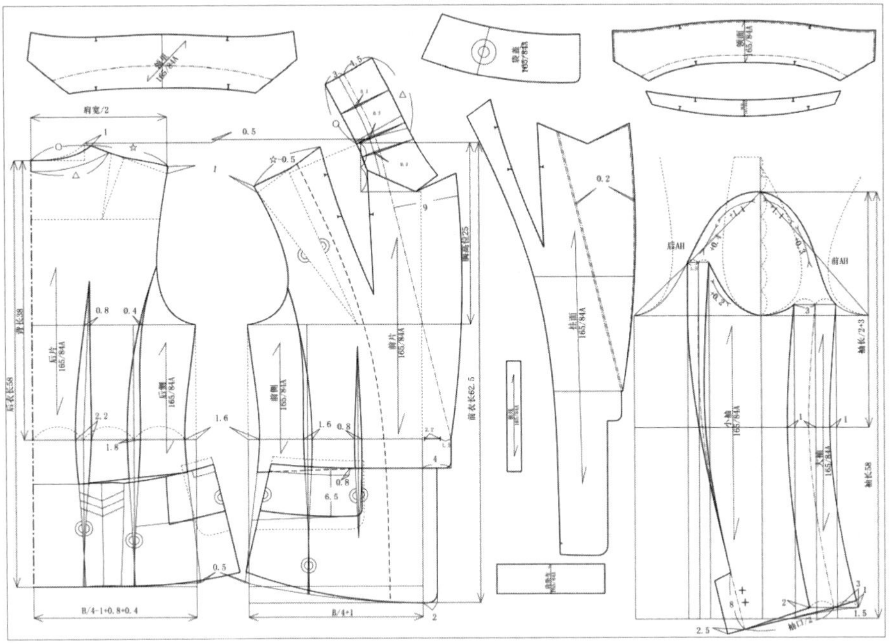

图 6-4-12　戗驳领腰节分割合体女上衣 CAD 智能制板结构设计

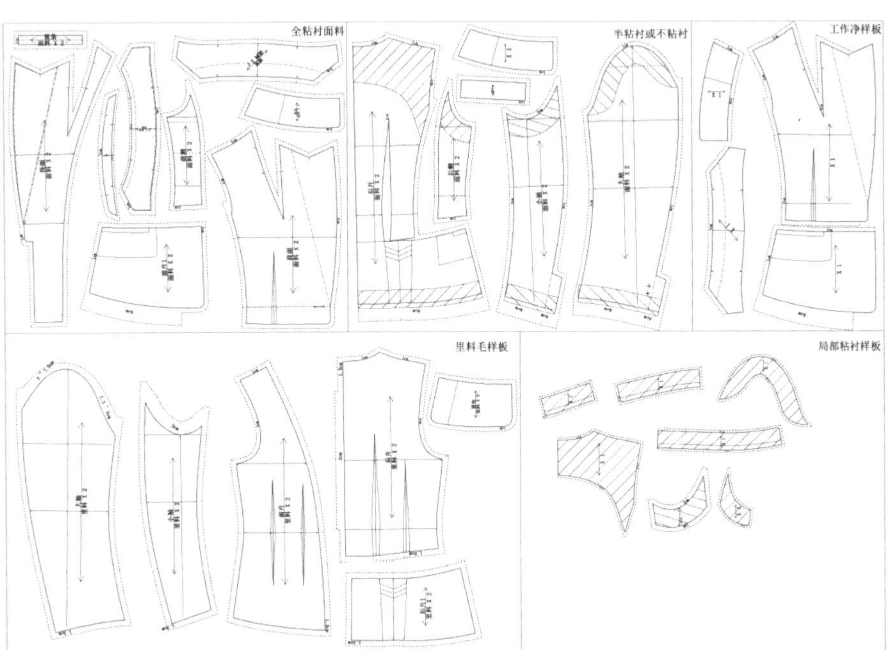

图 6-4-13　戗驳领腰节分割合体女上衣裁剪板

④Clo3D 虚拟试衣及板型修正。

戗驳领腰节分割合体女上衣 Clo3D 虚拟试衣及板型修正如图 6-4-14 所示。

图 6-4-14　戗驳领腰节分割合体女上衣 Clo3D 虚拟试衣及板型修正

（四）迪奥插袋合体女上衣

① 款式图

迪奥插袋合体女上衣款式图如图 6-4-15 所示。

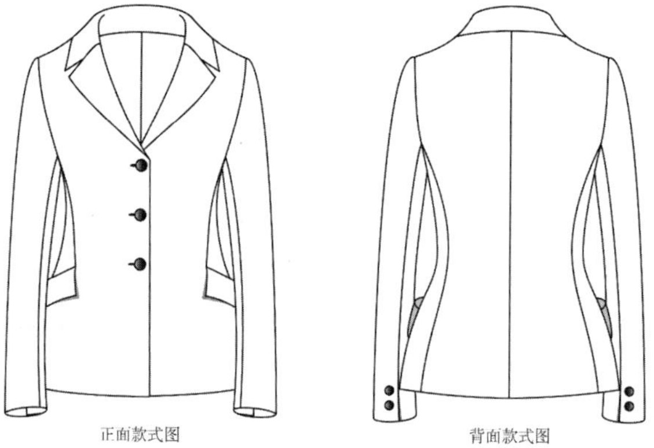

图 6-4-15　迪奥插袋合体女上衣款式图

② 款式特征

西装领，领面分体翻领，领底一片结构；迪奥风格四开身结构，领下无省道且无分割线，三粒扣，平底摆；小刀背缝起于前腋点下，止于插袋前端，袋盖里与袋口无缝，袋盖面由袋口翻出；前中片呈“L”形状；前侧片下边到袋底，无垫袋布，真口袋；后衣身：后背中缝直通底摆开衩，小刀背分割线起于后腋点，过腰线通到底摆；合体两片袖：袖开权，2 粒扣。

③CAD智能制板结构设计

迪奥插袋合体女上衣CAD智能制板结构设计如图6-4-16、图6-4-17所示。

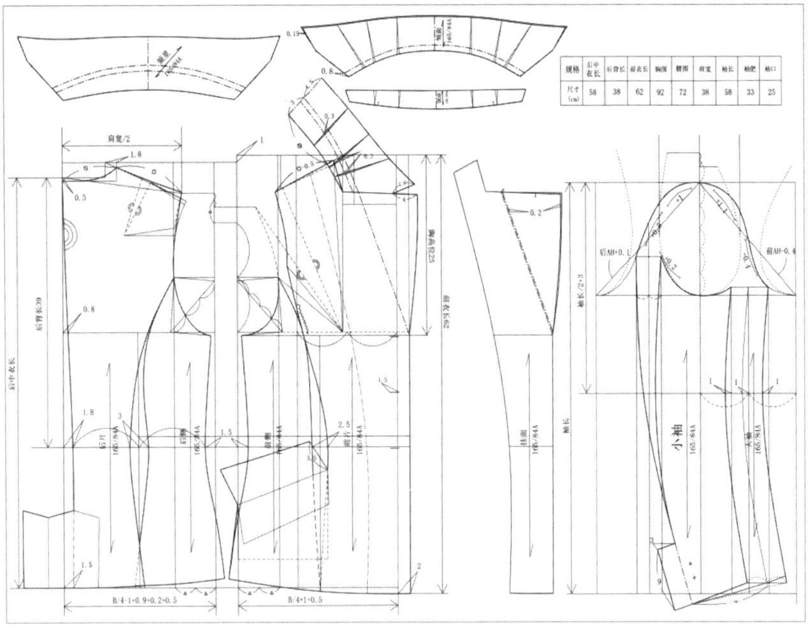

图6-4-16　迪奥插袋合体女上衣CAD智能制板结构设计

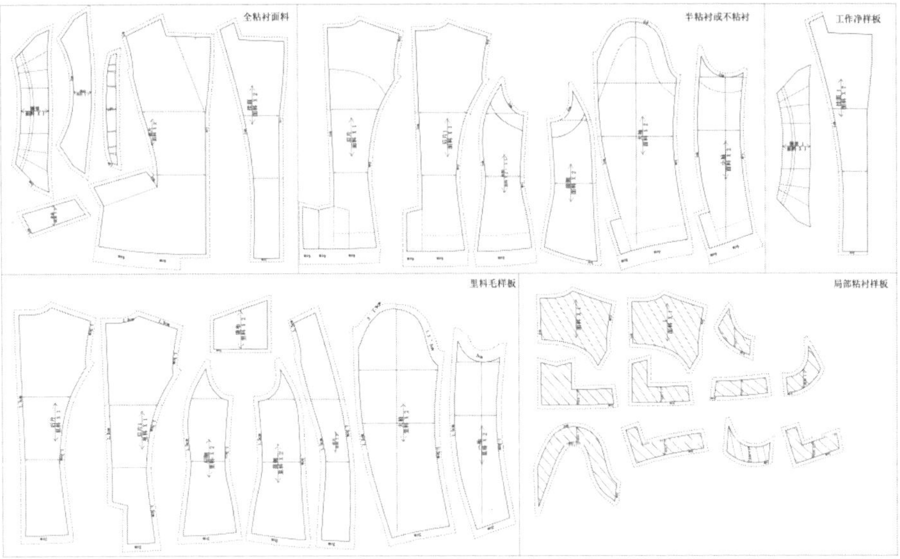

图6-4-17　迪奥插袋合体女上衣裁剪板

④Clo3D 虚拟试衣及板型修正

迪奥插袋合体女上衣 Clo3D 虚拟试衣及板型修正如图 6-4-18 所示。

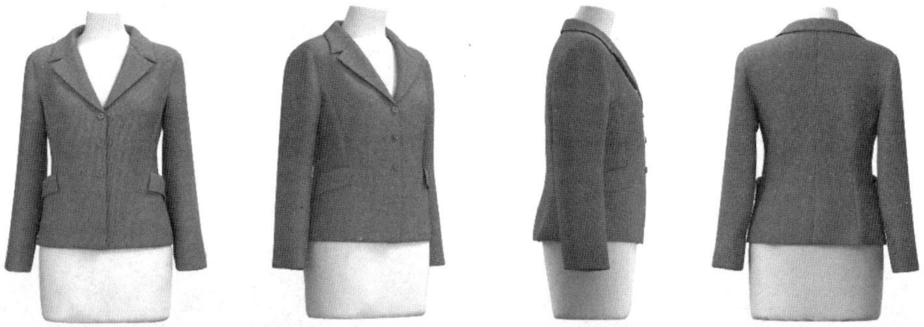

图 6-4-18 迪奥插袋合体女上衣 Clo3D 虚拟试衣及板型修正

五、合体女上衣参数化设计

合体女上衣参数化设计所需的胸围与原型各部位尺寸之间的相关及回归分析数据如表 6-4-1 所示。

表 6-4-1 胸围与原型各部位尺寸之间的相关及回归分析

原型各部位尺寸	组别	回归式		
		A（系数）	B（常数）	制图公式
半包围		0.5	6	Y=B/2+6
后领口宽		0.05	3.4	Y=B/20+3.4
后领口深		0.0125	0.85	Y=B/80+0.85
前直开领		0.05	3.4	Y=B/20+3.4
前领口宽		0.05	2.6	Y=B/20+2.6
袖窿深	A	0.0125	0.85	Y=B/8+7.5
	B	0.01	9.6	Y=B/10+9.6
侧宽		0.125	3.5	Y=B/8+3.5
背宽	A	0.126	7.5	Y=B/8+7.5
	B（线性回归实验获得）	0.123	7.658	Y=0.123X+7.658

续表

原型各部位尺寸	组别	回归式		
		A（系数）	B（常数）	制图公式
前胸宽		0.125	5.5	Y=B/8+7.5
		0.176	1.177	Y=0.176X+1.177
前衣长抬高		0.0625	−4.25	Y=B/16X−4.25
胸高点距前中心线		0.125	5.5	Y=B/8X+5.5
后肩省位		0.625	3.75	Y=B/16+3.75

六、小结

本章主要介绍了智能制板在合体女上衣系列结构设计中的应用，第一，对不同款式的合体女上衣进行了详细的款式分析，包括戗驳领小刀背、戗驳领不对称、戗驳领腰带分割和迪奥插袋等多种合体女上衣的款式特征以及结构要点。第二，介绍了 CAD 智能制板设计的过程。第三，使用 Clo3D 虚拟试衣技术进行试衣和板型修正，通过模拟试穿，优化板型设计。第四，制作成衣并进行真人试衣，以验证设计效果。此外还介绍了合体女上衣的参数化设计方法。本章可以为合体女上衣的设计和制作提供智能化的解决方案，有助于提高设计效率和制作质量。

参考文献

[1] 张文斌．服装结构设计 [M]. 北京：中国纺织出版社，2017.

[2] 袁惠芬．服装构成原理 [M]. 北京：北京理工大学出版社，1999.

[3] 宋伟．服装结构设计与纸样变化 [M]. 南京：南京大学出版社，2011.

[4] 张雨．服装结构设计 [M]. 哈尔滨：哈尔滨工程大学出版社，2010.

[5] 张向辉，于晓坤．女装结构设计（上）[M].3 版．上海：东华大学出版社，2018.

[6] 文化服装学院．文化服装讲座 [M]. 郝瑞闽，范树林，冯旭敏，编译．北京：中国轻工业出版社，2006.

[7] 柴丽芳，梁琳．时尚女装结构设计与纸样 [M]. 上海：东华大学出版社，2014.

[8] 郭亚莎．舞台服装设计对舞台艺术效果的影响探析 [J]. 戏剧之家，2023（21）：33–35.

[9] 柴家玮，仇欣．基于传统工艺元素的服装设计策略研究 [J]. 鞋类工艺与设计，2023（14）：3–5.

[10] 章博璇．中国传统茶元素在服装设计中的应用 [J]. 纺织报告，2023（7）：40–42.

[11] 王吉利．美术教育视角下服装设计的审美价值分析 [J]. 化纤与纺织技术，2023（52）：137–139.

[12] 陈洁茹．视觉传达在服装设计中的应用与表现 [J]. 棉纺织技术，2023（7）：52–59.

[13] 王颖．服装工艺对服装结构的影响分析 [J]. 化纤与纺织技术，2023（6）：156–158.

[14] 侯仕佳，张宁．无性别主义服装结构设计特点研究 [J]. 辽宁丝绸，2023（2）：45–46.

[15] 陈桂星．基于服装结构设计与人体特点分析 [J]. 山东纺织经济，2023（1）：26–29.

[16] 王列娟 . 服装结构设计与人体特征的关系研究 [J]. 纺织报告，2022（9）：91-93.
[17] 胡兰 . 女装设计中服装结构设计的体现与应用 [J]. 棉纺织技术，2022，50（9）：97.
[18] 庄和双 . 基于人体工学的“一片式”服装结构研究 [D]. 大连：长春工业大学，2023.
[19] 王思宇 . 立体主义在服装结构设计中的应用研究 [D]. 沈阳：沈阳师范大学，2016.
[20] 袁贞 . 基于面料幅宽的零浪费服装结构设计研究 [D]. 杭州：浙江理工大学，2017.
[21] 姚竹青 . 服装结构参数对基本 X 形女上装廓形的影响研究 [D]. 上海：东华大学，2015.
[22] 刘佳 . 平面裁剪与立体裁剪的比较研究 [D]. 长春：东北师范大学，2014.
[23] 张君浪 . 基于女性人体审美角度的女装结构设计研究 [D]. 苏州：苏州大学，2012.
[24] 陈伟伟 . 服装结构设计方法比较与着装褶皱效果评价 [D]. 苏州：苏州大学，2006.
[25] 梁莉 . 中国现代服装结构设计方法研究 [D]. 北京：中央美术学院，2009.
[26] 杨秀丽 . 服装结构设计技法研究 [D]. 天津：天津工业大学，2007.
[27] 付亚杰 . 基于立体裁剪的衣身结构重构研究 [D]. 石家庄：河北科技大学，2021.